HISPANIAE SCIENTIA

Editor
Publisher

VALENCIA CULTURAL, S. A. GRUPO DE EMPRESAS GIL TERRÓN

Presidente del Consejo Editor
Chairman of the Publishing Committee

RAFAEL BÁGUENA CANDELA

Distribuido por
Send orders to

ALBATROS EDICIONES - Olivereta, 26 - Valencia (18) - España

LIBRO DEL NUEVO COMETA

LITTERA AD BARTHOLOMAEUM REISACHERUM
SUMMA DEL PROGNOSTICO DEL COMETA

HISPANIAE SCIENTIA

Jerónimo Muñoz

LIBRO DEL NUEVO COMETA

(Valencia, Pedro de Huete, 1573)

LITTERA AD BARTHOLOMAEUM REISACHERUM (1574)

SUMMA DEL PROGNOSTICO DEL COMETA

(Valencia, Juan Navarro, 1578)

Introducción, apéndices y antología
por
VÍCTOR NAVARRO BROTÓNS

VALENCIA, 1981

PRINTED IN SPAIN

IMPRESO EN ESPAÑA

I.S.B.N. 84-85306-03-1

DEPÓSITO LEGAL: V. 1.327 - 1981

ARTES GRÁFICAS SÓLER, S. A. - OLIVERETA, 28 - VALENCIA (18) - 1981

SUMARIO

CONTENTS

LA OBRA ASTRONÓMICA DE JERÓNIMO MUÑOZ

*THE ASTRONOMICAL WORK OF JERÓNIMO MUÑOZ**

"Ignota obscurae viderunt sidera noctes"
Lucano, cit. por Muñoz

* *English translation by Elizabeth Ladd.*

A la memoria de mi padre

I

DATOS BIOGRÁFICOS

JERÓNIMO Muñoz nació en Valencia. Estudió en la Universidad de esta ciudad, graduándose de bachiller en artes el 6 de junio de 1537.[1] La etapa de su primera formación cabe situarla, por lo tanto, en la década 1530-1540. En esta época, la Universidad de Valencia, inaugurada en 1502, comenzaba ya a destacar como uno de los principales centros docentes de todos los reinos hispánicos y el más importante de la Corona de Aragón. Era una típica universidad municipal, mantenida económicamente y regentada directamente por la oligarquía burguesa local. El cuadro de las enseñanzas era análogo al de las restantes universidades hispánicas: estudios de latinidad, de carácter básico; facultad de artes y las tres mayores de teología, cánones y leyes y medicina.[2] Contaba, desde 1503, con una cátedra de

[1] Véase más adelante el documento que hemos transcrito relativo a la concesión del grado de bachiller a Jerónimo Muñoz. La fecha la dio ya JUSTO PASTOR FUSTER, *Biblioteca Valenciana de los escritores que florecieron hasta nuestros días,* vol. I, Valencia, 1827, p. 143, de donde la tomó ARMANDO COTARELO VALLEDOR, El misterio de la estrella: un español lo esclarece, *Boletín de la Real Sociedad Geográfica, 79* (1943), 12-35. Este último trabajo es el más completo publicado hasta hoy sobre la biografía y la obra de Jerónimo Muñoz.

[2] Acerca de la Universidad de Valencia en esta época puede verse ABELARDO PALANCA PONS, Historia de la Universidad durante los reinados de Carlos I y Felipe II (1515-1598), *VIII Congreso de Historia de la Corona de Aragón,* Valencia, 1967, I, pp. 185-209; La Universidad de Valencia en el primer decenio del siglo XVI, *Saitabi,* XVIII (1968), 85-106; SEBASTIÁN GARCÍA MARTÍNEZ, Els corrents ideològics i científics en JOAN REGLÀ et. alii., *Història del País Valencià,* vol. III, Barcelona, Ed. 62, pp. 179-231, particularmente pp. 190-196; del mismo autor, Sobre la introducción del helenismo en la Universidad de Valencia durante la primera mitad del Quinientos, *Actes del Ier Colloque sur le Pays Valencien à l'époque mo-*

In memory of my father

I

BIOGRAPHICAL DATA

JERÓNIMO *Muñoz was born in Valencia. He studied at the University in this city, graduating with a Bachelor of Arts on June 6, 1537.*[1] *The first stage of his scientific training took place, therefore, during the decade 1530-1540. During this period the University of Valencia, established in 1502, had already begun to stand out as one of the principal teaching centers in all the Spanish kingdoms, and was the most important in the Kingdom of Aragon. It was a typical municipal university, maintained economically and directly governed by the local bourgeois oligarchy.*

The educational program was analogous to that of the rest of the Spanish universities: basic Latin studies and the faculties of arts, theology, canon law and medicine.[2] *It had, begin-*

---

[1] *See below the document we have transcribed relating to the granting of the Bachelor's Degree to Jerónimo Muñoz. The date was already given by* JUSTO PASTOR FUSTER, Biblioteca Valenciana de los escritores que florecieron hasta nuestros días, *vol. I, Valencia, 1827, p. 143, from which it was taken by* ARMANDO COTARELO VALLEDOR, *El misterio de la estrella: un español lo esclarece,* Boletín de la Real Sociedad Geográfica, 79 *(1943), 12-35. This last work is the most complete published to date on the biography and work of Jerónimo Muñoz.*

[2] *On the University of Valencia in this period see* ABELARDO PALANCA PONS, *Historia de la Universidad durante los reinados de Carlos I y Felipe II (1515-1598),* VIII Congreso de Historia de la Corona de Aragón, *Valencia, 1967, I, pp. 185-209; La Universidad de Valencia en el primer decenio del siglo XVI,* Saitabi, *XVIII (1968), 85-106;* SEBASTIÁN GARCÍA MARTÍNEZ, *Els corrents ideològics i científics en* JOAN REGLÀ *et al.,* Història del País Valencià, *vol. III, Barcelona, Ed. 62, pp. 179-231, particularly pp. 190-196; by the same author, Sobre la introducción del helenismo en la Universidad de Valencia durante la primera mitad del Quinientos,* Actes du Ier Colloque sur le Pays Valencien à l'époque moderne (Pau, 1978)

matemáticas que, en la segunda mitad del siglo, se desdoblaría en dos.[3] El *Estudio General* valenciano desarrolló de modo preferente la enseñanza de la medicina, llegando a ocupar una auténtica posición de vanguardia entre las universidades españolas en este campo durante buena parte del siglo XVI.[4] Los estudios de humanidades y filosofía contaron también con prestigiosos profesores, conviviendo en el *Estudio* —no sin conflictos— las diversas orientaciones doctrinales e ideológicas de la época: la tradición luliana, el neonominalismo de signo parisiense, las diversas manifestaciones del humanismo, la inquietud renovadora del erasmismo y ciertos brotes reformistas.

Entre los profesores de la Universidad de Valencia, en la época de los estudios de Muñoz, cabe citar en primer lugar al rector Juan de Celaya, el "doctor parisiensis", quien antes de regentar el *Estudio* valenciano había sido destacado miembro del grupo de nominalistas y calculadores de la Universidad de París de principios de siglo; Miguel Jerónimo Ledesma, catedrático de griego e introductor en Valencia de un "humanismo médico" que manejaba de forma muy exigente los idiomas clásicos; Pedro Antonio Beuter, profesor de Sagradas Escrituras y autor de la *Primera part de la Historia de Valencia*; Francisco Stela, catedrático de hebreo y otros de menor relieve.

En este ambiente, Muñoz debió de adquirir una buena formación, prosiguiendo sus estudios, según dice Ximeno, "hasta recibirse de maestro, y mostrando particular afición a las lenguas clásicas, griega y latina, así como la hebraica, en que salió doc-

---

derne (Pau, 1978), ed. en 1980, pp. 363-397; VÍCTOR NAVARRO BROTÓNS, L'ensenyament de la ciencia a la Universitat de València en els segles de la "revolució científica" (XVI-XVII), *III Jornades d'Història de l'Educació als Països Catalans*, Girona, 1979, pp. 55-59; ANDRÉ GALLEGO BARNES, *Juan Lorenzo Palmireno. Contribution à l'histoire de l'Université de Valencia*, Tesis en la Université de Toulouse le Mirail, 1980, IV vols.

3 Sobre la fundación de la cátedra de matemáticas, cf. LAUREANO ROBLES, Tomás Durán, O.P., primer catedrático de matemáticas de la Universidad de Valencia (1503), *Saitabi*, XXVI (1976), 13-27.

4 Acerca de la importancia de la facultad de medicina valenciana véanse los trabajos de JOSÉ M.ª LÓPEZ PIÑERO, Valencia y la medicina del Renacimiento y del Barroco, *Actas del III Congreso Nacional de Historia de la Medicina*, Valencia, 1969, II, pp. 95-108; La Universidad de Valencia centro del movimiento vesaliano español, *Homenaje al Dr. D. Juan Reglá Campistol*, Valencia, 1975, I, 303-320; La disección anatómica y la reforma vesaliana en la España del siglo XVI, en *Medicina Moderna y Sociedad Española (Siglos XVI-XIX)*, Valencia, Cátedra e Instituto de Historia de la Medicina, 1976, pp. 63-131.

ning in 1503, a chair of mathematics which in the second half of the century divided itself in two.[3] *The Valencian* Estudio General *developed in a manner favorable to the teaching of medicine, becoming an authentic leader in the field among Spanish universities during a good part of the sixteenth century.*[4] *The disciplines of humanities and philosophy also boasted prestigious professors, bringing together in the* Estudio *— not without conflicts — the diverse doctrinal and ideological orientations of the epoch: the Lullian tradition, the neonominalism of Parisian stamp, the diverse manifestations of humanism, the revisionist uneasiness of Erasmism, and some reformist offshoots.*

Among the professors at the University of Valencia during the time Muñoz studied there was the rector Juan de Celaya, the "Parisian doctor," who before directing the Valencian Estudio *had been a distinguished member of the group of nominalists and "calculators" at the University of Paris in the first years of the century. Also present were Miguel Jerónimo Ledesma, professor of Greek and introducer in Valencia of "humanistic medicine," who handled the classical languages in a very masterful way; Pedro Antonio Beuter, professor of Holy Scriptures and author of* Primera part de la Historia de València; *Francisco Stela, professor of Hebrew, and others of lesser distinction.*

In this milieu, Muñoz could hardly fail to acquire a good education, pursuing his studies, according to Ximeno "until he graduated as a master, and showing particular talent for the classical languages, Greek and Latin as well as Hebrew, in which

---

[*pub. 1980*], *pp. 363-397;* VÍCTOR NAVARRO BROTÓNS, *L'ensenyament de la ciència a la Universitat de València en els segles de la "revolució científica" (XVI-XVII),* III Jornades d'Història de l'Educació als Països Catalans, *Girona, 1979, pp. 55-59;* ANDRÉ GALLEGO BARNES, Juan Lorenzo Palmireno. Contribution à l'histoire de l'Université de Valencia, *Thesis in the University of Toulouse le Mirail, 1980, four volumes.*

3 *On the founding of the department of mathematics, see* LAUREANO ROBLES, *Tomás Durán, O.P., primer catedrático de matemáticas de la Universidad de Valencia (1503),* Saitabi, *XXVI (1976), 13-27.*

4 *On the importance of the Faculty of Medicine of Valencia, see the works of* JOSÉ M.ª LÓPEZ PIÑERO, *Valencia y la medicina del Renacimiento y del Barroco,* Actas del III Congreso Nacional de Historia de la Medicina, *Valencia, 1969, II, pp. 95-108; La Universidad de Valencia centro del movimiento vesaliano español,* Homenaje al Dr. D. Juan Reglá Campistol, *Valencia, 1975, I, 303-320; La disección anatómica y la reforma vesaliana en la España del siglo XVI, en* Medicina Moderna y Sociedad Española (Siglos XVI-XIX), *Valencia, Cátedra e Instituto de Historia de la Medicina, 1976, pp. 63-131.*

tísimo".[5] El propio Muñoz nos informa, además, de su temprana afición a las matemáticas.[6] Rodríguez y Ximeno afirman que estudió también medicina, si bien este extremo no está documentado.[7]

Concluidos sus estudios, Muñoz viajó por Europa, quizá para completar su formación, recorriendo "casi todas las universidades"[8] y deteniéndose en la de Ancona. En esta Universidad ocupó, durante algunos años, la cátedra de hebreo. Un testimonio italiano de la época ha hecho pensar en su posible condición de converso: "Aquel Munyocio, llamado el valenciano..., hablaba el hebreo con selecta perfección, como si se hubiera criado y educado entre hebreos".[9]

Ignoramos en qué fecha regresó a Valencia, si bien debió ser antes de 1556, ya que este año observó desde Elche el gran cometa aparecido entonces y seguido por varios notables astrónomos europeos como Paulus Fabricius, Joachim Heller, Cardano y Cornelius Hemma.[10] En Valencia, enseñó privadamente matemáticas hasta 1563, fecha en la que fue nombrado catedrá-

5 Cf. V. XIMENO, *Escritores del Reyno de Valencia,* I, Valencia, 1947, p. 142.

6 En el prólogo a sus *Institutiones Arithmeticae,* Valencia, J. Mey, 1566, dice Muñoz: "cum a teneris annis ad Mathematicas scientias fuerim proclivis, ex quarum professione alibi multis annis..."

7 JOSÉ RODRÍGUEZ, *Biblioteca Valentina,* Valencia, 1747, p. 169 y XIMENO, *op. cit.* (nota 5), p. 142. COTARELO VALLEDOR en *op. cit.* (nota 1), p. 17 apoya esta afirmación añadiendo que en 1587 y 1588, fechas en las que Muñoz enseñaba en Salamanca, figura en el claustro de esta Universidad un Lic. Gerónimo Muñoz cobrando salario por una cátedra de cirugía. Sin embargo, en los *Libros de Visitas de Cátedras* relativos a la cátedra de matemáticas y astrología estudiados por MANUEL FERNÁNDEZ ÁLVAREZ en *Copérnico y su huella en la Salamanca del Barroco,* Universidad de Salamanca, 1974, pp. 29-36, Muñoz aparece siempre nombrado como "Dr." o "maestro". Además la atribución de la enseñanza de la cirugía parece un tanto extraña a su trayectoria intelectual. Todo ello no descalifica, naturalmente, la hipótesis de que Muñoz fuese también médico, cosa muy frecuente, como es sabido, entre los astrónomos y matemáticos de la época.

8 Según GINÉS DE ROCAMORA, *Sphera del Universo,* Madrid, Juan de Herrera, 1599, dedic., fol. 3v.

9 Cf. V. XIMENO, *op. cit.* (nota 5), p. 142 y FELIPE PICATOSTE RODRÍGUEZ, *Apuntes para una biblioteca científica española del siglo XVI,* Madrid, 1891, p. 204.

10 Véase JERÓNIMO MUÑOZ, *Libro del nuevo Cometa,* f. 30 r. Acerca de este cometa y los autores que lo observaron, cf. C. DORIS HELLMAN, *The Comet of 1577: Its place in the history of astronomy,* 2.ª Ed., New York, Ams. Press, 1971, pp. 106-111.

he became an expert."[5] Muñoz himself tells us, furthermore, of his early fascination with mathematics.[6] Rodríguez and Ximeno state that he also studied medicine, although this is not documented.[7]

Upon concluding his studies, Muñoz traveled through Europe, probably to complete his education, passing through "nearly all the universities"[8] and staying on at Ancona. At this university he occupied for several years the chair of Hebrew. One Italian document of the epoch suggests the possibility that he might have been a convert: "That Munyocio, the so called Valencian..., spoke Hebrew with consummate perfection, as if he had been born and reared among Hebrews."[9]

We do not know on what date he returned to Valencia, but it must have been before 1556, inasmuch as in this year he observed from Elche the great comet then apparent, which was also followed by various notable European astronomers such as Paulus Fabricius, Joachim Heller, Cardano and Cornelius Gemma.[10] In Valencia he taught mathematics privately until

---

[5] Cf. V. XIMENO, Escritores del Reyno de Valencia, *I, Valencia, 1747, p. 142.*

[6] *In the prologue to his* Institutiones Arithmeticae, *Valencia, J. Mey, 1566, Muñoz says: "cum a teneris annis ad Mathematicas scientias fuerim proclivis, ex quarum professione alibi multis annis ...".*

[7] JOSÉ RODRÍGUEZ, Biblioteca Valentina, *Valencia, 1747, p. 169, and* XIMENO, op. cit. *(note 5), p. 142.* COTARELO VALLEDOR *in* op. cit. *(note 1), p. 17, supports this affirmation, adding that in 1587 and 1588, years in which Muñoz was teaching in Salamanca, a* licenciado *Gerónimo Muñoz figured in the faculty of this university, earning a salary from a chair of surgery. Nevertheless, in the "libros de visitas" of the chair of mathematics and astrology studied by* MANUEL FERNÁNDEZ ÁLVAREZ *in* Copérnico y su huella en la Salamanca del Barroco, *Universidad de Salamanca, 1974, pp. 29-39, Muñoz always appears with the title "Dr." or "Master". Then too, the notion that he taught surgery seems strange in the light of the rest of his career. That is not to disqualify, of course, the hypothesis that Muñoz may also have been a physician, a frequent enough phenomenon among astronomers and mathematicians of the period.*

[8] *According to* GINÉS DE ROCAMORA, Sphera del Universo, *Madrid, Juan de Herrera, 1599, preface, fol. 3v.*

[9] *Cf.* V. XIMENO, op. cit. *(note 5), p. 142, and* FELIPE PICATOSTE RODRÍGUEZ, Apuntes para una biblioteca científica española del siglo XVI, *Madrid, 1891, p. 204.*

[10] *See* JERÓNIMO MUÑOZ, Libro del nuevo cometa, *fol. 30r. Concerning this comet and the authors who observed it, see* C. DORIS HELLMAN, The Comet of 1577: Its Place in the History of Astronomy, *2nd ed., New York, MS Press, 1971, pp. 106-111.*

tico de hebreo.[11] Dos años después, el 2 de junio de 1565, unió a esta cátedra la de matemáticas, con salario de 75 libras (1.500 sueldos),[12] y el 6 de junio del mismo año los jurados de la ciudad, atendiendo a la "cualidad de la persona del mencionado maestro Muñoz, por ser éste muy señalado y eminente en todas las ciencias, particularmente en matemáticas y hebreo"[13] y a "la necesidad de que en la Universidad se lea el curso de Matemáticas" se le aumentó el salario en 25 libras de "ajuda de costa".[14] Con este salario, Muñoz se situaba entre los profesores mejor retribuidos.[15] Esta política de los jurados, de apoyo a los profesores de mayor renombre, tendía a evitar muy probablemente la "fuga de cerebros" denunciada por algunos autores como Palmireno,[16] y a mantener el elevado nivel y prestigio alcanzado por la Universidad de Valencia en las décadas centrales de la centuria.

La cátedra de matemáticas desempeñada por Muñoz se regía por las *Constituciones* de 1561, si bien éstas se refieren sólo a la astronomía y astrología.[17] En ellas se establece un esquema de enseñanzas similar a la mayoría de las universidades de la época. La *Esfera,* probablemente siguiendo alguna de las nu-

---

11 Cf. J. P. Fuster, *op. cit.* (nota 1), pp. 143-144 y José Teixidor y Trilles, O.P., *Estudios de Valencia (Historia de la Universidad hasta 1616),* Edición, introducción, notas e índices por L. Robles, Valencia, 1976, p. 219.

12 Archivo Municipal de Valencia, *Manual de Consells,* A-89, 2 de junio de 1565: "Item elegeixen a Mestre Hierony Munyos en la càthedra de Ebraich ab salari de LXXV lliures, ab pacte que no puga legir conducta de Mathemàtiques y obligació que haja de legir, en la Universitat del Studi General, una liçó de Mathemàtiques per tot lo temps que s'acostuma a legir en la dita Universitat del Studi General".

13 *Ibid.*, 6 de junio de 1565: "atessa la qualitat de la persona del dit Mestre Munyos, per ser aquell molt senyalat y eminent en totes sciencies, senyaladament en Matemàtiques y Ebraich".

14 *Ibid.*: "per la gran necesitat que y ha que lo curs de Matemàtiques se liga en dita Universitat".

15 El salario regular era de 25 libras. Sobre el tema de los salarios cf. A. Gallego Barnes, Salarios y cátedras. El presupuesto del Estudi General desde 1584 hasta 1600 a través de los libros de la Lonja Nova, *Primer Congreso de Historia del País Valenciano* (Valencia, 1971), III, Valencia, 1976, pp. 165-176 y *Juan Lorenzo Palmireno...*, p. 645 y *passim.*

16 Cf. A. Gallego Barnes, *Juan Lorenzo Palmireno...*, p. 637.

17 Véase la edición de las Constituciones de A. Gallego Barnes en La Constitución de 1561. Contribución a la historia del Studi General de Valencia, *Estudis, 1* (1972), 43-85.

1563, the date on which he was appointed to the chair of Hebrew.[11] *Two years later, on June 2, 1565, he was also named to the chair of mathematics, with a salary of 75 pounds (1500 sueldos),*[12] *and on June 6 of the same year the city fathers, recognizing the "personal quality of said teacher Muñoz, being very distinguished and eminent in all the sciences, particularly in mathematics and Hebrew"*[13] *and "the necessity of having a course of mathematics at the university" raised his salary 25 pounds as a "pay adjustment."*[14]

With this salary Muñoz found himself in the company of the best-paid professors.[15] *This policy of the city fathers, of support for professors of great renown, very probably tended to avert the "brain drain" denounced by authors such as Palmireno,*[16] *and to maintain the high level and prestige achieved by the University of Valencia in the middle decades of the century.*

The chair of medicine filled by Muñoz was governed by the Constitutions *of 1561, although these referred only to astronomy and astrology.*[17] *In them was set forth a program of teaching similar to those of the majority of the universities of the epoch. The curriculum included "The Sphere," probably following some*

---

[11] *Cf.* J. P. FUSTER, op. cit. *(note 1), pp. 143-144, and* JOSÉ TEIXIDOR Y TRILLES, O.P., Estudios de Valencia (Historia de la Universidad hasta 1616), *edition, with introduction, notes, and indices by L. Robles, Valencia, 1976, p. 219.*

[12] *Archivo Municipal de Valencia,* Manuals de Consells, *A-89, 2 June 1565: "Item elegeixen a Mestre Hieroni Munyos en la càtedra de Ebraich ab salari de LXXV lliures, ab pacte que no puga legir conducta de Mathemàtiques y obligació que haja de legir, en la Universitat del Studi General, una liçó de Mathemàtiques per tot lo temps que s'acostuma a legir en la dita Universitat del Studi General."*

[13] Ibid., *6 June 1565: "atessa la qualitat de la persona del dit Mestre Munyos, per ser aquell molt senyalat y eminent en totes sciencies, senyalament en Mathemàtiques y Ebraich."*

[14] Ibid.: *"per la gran necesitat que y ha que lo curs de Mathemàtiques se liga en dita Universitat."*

[15] *The regular salary was 25 pounds. On the matter of salaries, see* A. GALLEGO BARNES, *Salarios y cátedras. El presupuesto del Estudi General desde 1584 hasta 1600 a través de los libros de la Lonja Nova,* Primer Congreso de Historia del País Valenciano (Valencia, 1971), *III, Valencia, 1976, pp. 165-176, and* Juan Lorenzo Palmireno ..., *p. 645 and* passim.

[16] *Cf.* A. GALLEGO BARNES, Juan Lorenzo Palmireno ..., *p. 637.*

[17] *See the edition of the Constitutions by* A. GALLEGO BARNES *in La Constitución de 1561. Contribución a la historia del Studi General de Valencia,* Estudis, *1 (1972), 43-85.*

merosas ediciones y versiones del tratado del mismo nombre de Sacrobosco; *Teóricas,* o sea movimientos planetarios y uso de tablas "como base para la inteligencia" del *Almanaque* (efemérides) y teoría y uso del planisferio o *Astrolabio.* Junto a esto, y aunque las constituciones de 1561 no lo mencionan, de otros testimonios, cabe deducir que se enseñarían también las restantes partes del "quadrivium": aritmética, geometría y música, además de la astrología en sentido estricto, y quizá otros aspectos de la cosmografía, como la geografía y la hidrografía. [18]

En Valencia, Muñoz desarrolló una intensa actividad didáctica y científica, publicando diversas obras de matemáticas y astronomía, de las que luego hablaremos, redactando otras que quedaron manuscritas y formando algunos discípulos, entre los que figuran Bartolomé Antist, astrólogo y geógrafo, y Pedro Ruiz, autor de un excelente tratado de relojes solares. Su prestigio como matemático fue aumentando progresivamente, siendo requerido por Felipe II para hacer la nivelación de dos ríos, con el fin de llevar el agua a Murcia, Lorca y Cartagena, con ocasión de lo cual Muñoz determinó con notable precisión la latitud de diversas localidades. [19]

En 1569 los jurados le aumentaron de nuevo el salario en 25 libras, señalando "el grande beneficio y honor que resultaba a la Universidad de sus letras y lecciones, por acudir muchos sujetos de diferentes partes, movidos de su fama, a darlas" [20] y que "de tres pueblos le llamaban ofreciéndole mejor partido". [21] El salario, con todo, resultaba bastante modesto y muy inferior a los correspondientes de las universidades castellanas. [22] Ello puede explicar que finalmente Muñoz aceptase la oferta de la Universidad de Salamanca de que "sobre los florines de ella

---

18 Véase M. ARDIT LUCAS, Aspectos de la Universidad Valenciana del Quinientos a través del proceso inquisitorial de Jerónimo Congués, *Actas del III Congreso Nacional de Historia de la Medicina,* vol. III, Valencia, 1969, pp. 131-140; NAVARRO BROTÓNS, *op. cit.* (nota 2).

19 Cf. MARTÍN FERNÁNDEZ NAVARRETE, *Disertación sobre la historia de la náutica y de las ciencias matemáticas,* Madrid, 1846, p. 202 y FRANCISCO CASCALES, *Discursos históricos de la muy noble y muy leal Ciudad de Murcia y su Reino,* 3.ª ed., Murcia, 1874, p. 312.

20 J. P. FUSTER, *op. cit.* (nota 1), p. 143.

21 *Ibid.*

22 Véase J. M. LÓPEZ PIÑERO, *Ciencia y técnica en la Sociedad española de los siglos XVI y XVII,* Barcelona, Labor, 1979, pp. 85-86.

of the numerous editions and versions of the treatise of the same name by Sacrobosco; "Theory," or planetary movements and the use of tables "as a base for the understanding" of the Almanac (ephemerides), and the theory and use of the planisphere or Astrolabe. Besides this, although the constitutions of 1561 do not mention it, one can deduce from other documents that they also taught the remaining parts of the "quadrivium": arithmetic, geometry and music, as well as astrology in the strict sense, and perhaps other aspects of cosmography, such as geography and hydrography. [18]

In Valencia, Muñoz generated intense didactic and scientific activity, publishing diverse works in mathematics and astronomy, which we will mention later, editing others which remained in manuscript, and training a number of disciples, among whom figure Bartolomé Antist, astrologer and geographer, and Pedro Ruiz, author of an excellent treatise on solar clocks. His prestige as a mathematician grew progressively, as he was summoned by Philip II to do a survey of two rivers, with the goal of bringing water to Murcia, Lorca and Cartagena, on which occasion Muñoz determined with notable precision the latitude of various localities. [19]

In 1569 the city fathers raised his salary again by 25 pounds, calling attention to the "great benefits and honor which have accrued to the university from his writings and lectures, attended by many subjects from different regions, drawn by his fame," [20] *and mentioning that "three other towns had called upon him offering him a better position."* [21] *Even so, his salary was quite modest and very inferior to corresponding salaries in Castilian universities.* [22] *This could explain why finally Muñoz accepted an offer from the University of Salamanca where, "in*

---

18 *See* M. Ardit Lucas, *Aspectos de la Universidad Valenciana del Quinientos a través del proceso inquisitorial de Jerónimo Congués,* Actas del III Congreso Nacional de Historia de la Medicina, *vol. III, Valencia, 1969, pp. 131-140;* Navarro Brotons, op. cit. *(note 2).*

19 *Cf.* Martín Fernández Navarrete, Disertación sobre la historia de la náutica y de las ciencias matemáticas, *Madrid, 1846, p. 202, and* Francisco Cascales, Discursos históricos de la muy noble y muy leal Ciudad de Murcia y su Reino, *3.ª ed., Murcia, 1874, p. 312.*

20 J. P. Fuster, op. cit. *(note 1), p. 143.*

21 Ibid.

22 *See* J. M. López Piñero, Ciencia y técnica en la Sociedad española de los siglos XVI y XVII, *Barcelona, Labor, 1979, pp. 85-86.*

[la cátedra] se le diesen cuatrocientos ducados de salario en cada un año y más treinta ducados para ayuda de mudar de casa",[23] trasladándose a dicha Universidad en 1578.[24]

La cátedra de astrología de la Universidad de Salamanca había estado ocupada hasta 1576 por Hernando de Aguilera, uno de los responsables de la introducción de la obra de Copérnico en las constituciones de 1561.[25] Muñoz sucedió, pues, a Aguilera y por los *libros de visitas* a cátedra estudiados por Fernández Álvarez[26] podemos seguir algunas de las materias explicadas por el astrónomo valenciano: *aritmética, geometría* y *perspectiva* según Euclides; *esfera* y *proposiciones*[27] de Ptolomeo; *astrolabio, geografía, teóricas de planetas* y *tablas* de Alfonso X; *teórica de Mercurio, pasiones de los planetas* y *eclipses del Sol y de la luna* según Peurbach. No aparece ninguna referencia a Copérnico, como tampoco la hay en las "visitas" correspondientes a Aguilera, lo cual no implica necesariamente que Muñoz no discutiera desde su cátedra las ideas copernicanas o las técnicas y tablas de dicho autor que, sin duda, conocía bien.[28]

Como en Valencia, también en Salamanca formó Muñoz a algunos destacados discípulos. Entre ellos, a Diego de Álava, autor de un importante tratado de artillería titulado *El perfeto Capitán instruido en la disciplina Militar, y nueva ciencia de la Artillería* (1590). En esta obra Álava refiere las experiencias reali-

---

23 Cf. E. Esperabé de Arteaga, *Historia pragmática e interna de la Universidad de Salamanca,* v. I, Salamanca, Imp. de F. Núñez Izquierdo, 1914, p. 568, citado por Cotarelo Valledor, *op. cit.* (nota 1), p. 20.

24 Cf. Esperabé, *op. cit.* (nota anterior), II, 1917, p. 376, citado por Cotarelo, *op. cit.* (nota 1), p. 21.

25 Cf. Eugenio Bustos Tovar, La introducción de las teorías de Copérnico en la Universidad de Salamanca, *Revista de la Real Academia de Ciencias Exactas, Físicas y Naturales, 67* (1973), 235-253.

26 Manuel Fernández Álvarez, *op. cit.* (nota 7).

27 Relativas al modo de calcular la "altura del Norte".

28 Véase la carta de Muñoz a Reisacherus, donde el valenciano menciona aspectos técnicos de la obra de Copérnico, así como los fragmentos de la carta de Muñoz a T. Hagecius reproducidos y comentados por Tycho Brahe (la referencia más adelante, en p. 72, nota 79). No hay, sin embargo, en los textos conocidos de Muñoz ninguna referencia a la cuestión del movimiento de la tierra. En el *Libro del nuevo Cometa* (fol. 9r) Muñoz dice que, como enseña Ptolomeo, la tierra es el centro del Universo, pero esta afirmación en un contexto en el que el astrónomo valenciano intenta explicar el paralaje de altura, puede interpretarse como un recurso didáctico. La cuestión queda, pues, abierta a ulteriores investigaciones.

addition to the florins of the chair itself, they gave him 400 ducats in salary each year and also 30 ducats to help with moving costs." [23] *He moved to Salamanca in 1578.* [24]

The chair of astrology at the University of Salamanca had been occupied until 1578 by Hernando de Aguilera, one of those responsible for the introduction of Copernicus' work in the university constitutions of 1561. [25] *Muñoz then succeeded Aguilera, and from the* "libros de visitas" *at the faculty studied by Fernández Álvarez* [26] *we can follow some of the material presented by the Valencian astronomer: arithmetic, geometry and perspective according to Euclid; sphere and propositions* [27] *of Ptolemy; astrolabe, geography, planetary theory and tables of Alfonso X; theory of Mercury, "passions" of the planets and eclipses of the sun and moon according to Peurbach. Not one reference to Copernicus appears, as none had in Aguilera's Visitors' Books, which does not necessarily imply that Muñoz did not discuss Copernican ideas from his chair or the techniques and tables of that author, with which, without doubt, he was well acquainted.* [28]

In Salamanca as in Valencia Muñoz trained several outstanding disciples. Among them was Diego de Álava, author of an important treatise on artillery entitled, El perfeto Capitan instruido en la disciplina Militar, y nueva ciencia de la Artillería *(1590). In this work Álava relates the experiments carried out*

---

[23] *Cf.* E. ESPERABE DE ARTEAGA, Historia pragmática e interna de la Universidad de Salamanca, *vol. I, Salamanca, F. Núñez Izquierdo, 1914, p. 568, cited by* COTARELO VALLEDOR, op. cit. *(note 1), p. 20.*

[24] *Cf.* ESPERABE, op. cit. *(note 23), II, 1917, p. 376, cited by* COTARELO, op. cit. *(note 1), p. 21.*

[25] *Cf.* EUGENIO BUSTOS TOVAR, *La introducción de las teorías de Copérnico en la Universidad de Salamanca,* Revista de la Real Academia de Ciencias Exactas, Físicas y Naturales, *67 (1973), 235-253.*

[26] MANUEL FERNÁNDEZ ÁLVAREZ, op. cit. *(note 7).*

[27] *Concerning the way to calculate the "Northern elevation."*

[28] *See the letter of Muñoz to Reisacher, where the Valencian mentions technical aspects of the work of Copernicus, as well as fragments of Muñoz' letter to T. Hagecius reproduced and commented on by Tycho Brahe (see the reference below, p. 73, note 79). Nevertheless, there are no references to the question of the movement of the Earth in the known writings of Muñoz. In the* Libro del nuevo Cometa *(fol. 9r) Muñoz says that the Earth is the center of the Universe, as Ptolemy teaches, but this affirmation, in a context in which the Valencian astronomer tries to explain the parallax of elevation, can be interpreted as a didactic illustration. Thus the question remains open to further research.*

zadas por su maestro Jerónimo Muñoz encaminadas a rebatir el supuesto de Tartaglia de que el incremento en el alcance de los proyectiles es el mismo para cada grado de elevación de la pieza.[29] Otro discípulo de Muñoz en Salamanca fue Antonio Núñez Zamora, también catedrático de matemáticas y astronomía y autor de un interesante tratado sobre la supernova de 1604.[30]

En 1582 Muñoz intentó volver a Valencia, gestionando a través de su discípulo Bartolomé Antist el reingreso a sus antiguas cátedras de hebreo y matemáticas. Los jurados acordaron concederle un sueldo de 100 libras por cada cátedra más 50 como ayuda para los gastos de traslado.[31] No debió de satisfacerle la propuesta, pues permaneció en Salamanca, donde comenzó a enseñar también hebreo hasta su muerte, acaecida hacia 1591.[32]

II

ESCRITOS DE JERÓNIMO MUÑOZ

La fama y el prestigio que Muñoz alcanzó entre sus contemporáneos, en particular entre los autores españoles, contrasta con el escaso número y volumen de su producción impresa. Rocamora,[33] Pérez de Mesa,[34] Antonio de Toledo[35] y sus compatriotas y discípulos, todos coinciden en señalar sus gran-

[29] Cf. Diego de Álava, *El perfeto Capitan instruido en la disciplina Militar, y nueva ciencia de la Artilleria*, Madrid, P. Madrigal, 1590, f. 234r.

[30] Véase más abajo, p. 80.

[31] Véase J. P. Fuster, *op. cit.* (nota 1), p. 144 y J. Teixidor, *op. cit.* (nota 11), pp. 231-232.

[32] Según A. Cotarelo, *op. cit.* (nota 1), p. 22. En los *Libros de Visitas* estudiados por Fernández Álvarez, *op. cit.* (nota 7), Muñoz figura en la cátedra de matemáticas y astrología hasta 1587 y en los años 87-94 hay una laguna, pero Cotarelo afirma haber visto el nombre del astrónomo valenciano en las cuentas salmantinas de 1590 y 1591 como catedrático de hebreo y astrología, mientras que en 1592 figura ya Gabriel Serrano en esta última cátedra.

[33] Ginés de Rocamora, *op. cit.* (nota 8), fol. 3v.

[34] En Pedro Medina, *Libro de las grandezas y cosas memorables de España*, Alcalá, Juan Gracián, 1590, Lib. II, cap. 85, fol. 226, citado por Cotarelo, *op. cit.* (nota 1), p. 23, quien atribuye la referencia a Muñoz a Pedro Medina; pero Medina murió en 1567, mucho antes de que el valenciano enseñase en Salamanca. Las anteriores ediciones del *Libro de las*

by his teacher Jerónimo Muñoz laying the groundwork for the rebuttal of Tartaglia's hypothesis that the increment in range of projectiles is the same for each degree of elevation of the piece. [29] *Another of Muñoz' disciples in Salamanca was Antonio Núñez Zamora, also a professor of mathematics and astronomy and author of an interesting treatise on the supernova of 1604.* [30]

In 1582 Muñoz tried to return to Valencia, negotiating the re-entry into his old chairs of Hebrew and mathematics through his disciple Bartolomé Antist. The city fathers agreed to offer him a salary of 100 pounds for each chair plus 50 pounds to help cover the costs of moving. [31] *He must not have been satisfied with the proposition, as he remained in Salamanca, where he began also to teach Hebrew, until his death around 1591.* [32]

II

THE WRITINGS OF JERÓNIMO MUÑOZ

THE *fame and prestige that Muñoz achieved among his contemporaries, in particular among Spanish authors, contrasts with the scant number and volume of his printed output. Rocamora,* [33] *Pérez de Mesa,* [34] *Antonio de Toledo* [35] *and their compatriots and disciples all agree in recognizing his great knowl-*

---

[29] *Cf.* DIEGO DE ÁLAVA, El perfeto Capitán instruido en la disciplina Militar, y nueva ciencia de la Artillería, *Madrid, P. Madrigal, 1590, fol. 234r.*

[30] *See below, p. 81.*

[31] *See* J. P. FUSTER, op. cit. *(note 1), p. 144, and* J. TEIXIDOR, op. cit. *(note 11), pp. 231-232.*

[32] *According to* A. COTARELO, op. cit *(note 1), p. 22. in the* Libro de Visitas *studied by* FERNÁNDEZ ÁLVAREZ, op. cit. *(note 7), Muñoz is documented in the chair of mathematics and astrology until 1587. Between 1587 and 1594 there is a gap, but Cotarelo asserts that he saw Valencian astronomer's name in the University of Salamanca account books for 1590 and 1591 as professor of Hebrew and astrology, while in 1592 Gabriel Serrano already occupied the latter chair.*

[33] GINÉS DE ROCAMORA, op. cit. *(note 8), fol. 3v.*

[34] In PEDRO MEDINA, Libro de las grandezas y cosas memorables de España, *Alcalá, Juan Gracián, 1590, Book II, chapt. 85, fol. 226, cited by* COTARELO, op. cit. *(note 1), p. 23, who attributes the reference to Muñoz to Pedro Medina; but Medina died in 1567, before the Valencian came to teach in Salamanca. The previous editions of the* Libro de las grandezas

des conocimientos "en todas las facultades", particularmente en "lenguas, teología positiva, matemáticas, y en filosofía aristotélica y platónica".[36] Algunos autores, como Antonio de Toledo, mencionan además los importantes manuscritos que Muñoz "tiene en su casa llenos de extraordinaria erudición, y increible agudeza para descubrir, nunca oidas verdades".[37]

En 1566 publicó en Valencia un tratado de Aritmética titulado *Institutiones Arithmeticae ad Percipiendam Astrologiam et Mathematicas facultates necessariae.* Como el título sugiere, es un texto concebido especialmente para la enseñanza y destinado principalmente a proporcionar los conocimientos de aritmética indispensables para los cálculos astronómicos. En este sentido, quizá el aspecto más destacado del libro sea precisamente la insistencia en las aplicaciones a la astronomía. Muñoz explica las operaciones aritméticas con ejemplos en numeración decimal y sexagesimal. También estudia las proporciones y las progresiones aritméticas y geométricas.

Su segunda y más importante obra publicada es el *Libro del nuevo Cometa* (1573) a la que siguió, en 1578, un breve folleto de 8 páginas dedicado al cometa de 1577. De estas obras nos ocuparemos más adelante.

Finalmente, en 1585, publicó en Salamanca un *Alphabetum hebraicum cum ratione legendi cum punctis* que incluía un tratado sobre los puntos vocales, cuya significación en el hebraísmo posterior a la *Poliglota* de Alcalá fue puesto de relieve por Menéndez y Pelayo.[38]

De sus obras manuscritas sólo hemos podido encontrar un tratado de *Astrología* que se conserva en la Biblioteca Nacional, con el título *In Isagogas principiis abdilasi Servi gloriosi dei Alcabiciis de Astrorum Apotelesmatis elucubratio Geronimo Muñoz.*[39] Consta de 159 folios en 4.º, y es probablemente autó-

---

grandezas son de 1548, 1549 y 1566 y en ellas no figura dicha referencia. Se trata, sin duda, de una de las adiciones de Pérez de Mesa a la obra de Medina.

[35] En Diego de Álava, *op. cit.* (nota 29), Prólogo a los lectores.

[36] Pedro Medina, *op. cit.* (nota 34), p. 226, citado por Cotarelo, *op. cit.* (nota 1), p. 23 (véase nota 34).

[37] Antonio de Toledo en Diego de Álava, *op. cit.* (nota 29), Prólogo a los lectores.

[38] Cf. S. García Martínez, *op. cit.* (nota 2), p. 215.

[39] Véase F. Picatoste, *op. cit.* (nota 9), p. 207, y A. Cotarelo, *op. cit.*, p. 23.

edge "in all fields," particularly in "languages, positive theology, mathematics, and Aristotelian and Platonic philosophy.[36] *Some authors, such as Antonio de Toledo, mention in addition the important manuscripts Muñoz "has in his house, full of extraordinary erudition and incredible keenness for discovering never before heard-of truths."*[37]

In 1566 he published in Valencia a treatise on arithmetic titled Institutiones Arithmeticae ad Percipiendam Astrologiam et Mathematicas facultates necessariae. *As the title suggests, it is a text especially conceived for teaching and intended principally to furnish the aspects of arithmetical knowledge indispensable for astronomical calculations. In this regard, perhaps the most outstanding aspect of the book is precisely its insistence on applications to astronomy. Muñoz explains arithmetic operations with examples in both decimal and sexagesimal numeration. He also studies arithmetic and geometric proportions and progressions.*

His second and most important published work is the Libro del nuevo Cometa *(1573), which was followed, in 1578, by a slim pamphlet of eight pages dedicated to the comet of 1577. We will discuss these works further on. Finally, in 1585, he published in Salamanca an* Alphabetum hebraicum cum ratione legendi cum punctis *which included a treatise on vowel points, and whose significance in Hebrew studies after the Polyglot Bible of Alcalá was put in relief by Menéndez y Pelayo.*[38]

Of his manuscript works, we have been able to find only a treatise on astrology which is preserved in the National Library with the title In Isagogas principiis abdilasi Servi gloriosi dei Alcabiciis de Astrorum Apotelesmatis elucubratio Geronimo Munoz.[39] *It consists of 159 pages in quarto, probably in his own*

---

were published in 1548, 1549, and 1566 and lack this reference. The mention of Muñoz must be one of Pérez de Mesa's additions to Medina.

35 *In* Diego de Álava, op. cit. *(note 29), Prologue to readers.*

36 Pedro Medina, op. cit. *(note 34), p. 226, cited by* Cotarelo, op. cit. *(note 1), p. 23 (see note 34).*

37 Antonio de Toledo, *in* Diego de Álava, op. cit. *(note 29), Prologue to readers.*

38 *Cf.* S. García Martínez, op. cit. *(note 2), p. 215.*

39 *See* F. Picatoste, op. cit. *(note 9), p. 207, and* A. Cotarelo, op. cit., *p. 23.*

grafo. Como sugiere el título, este manuscrito está dedicado a comentar el tratado de astrología de Abū-Al-Saqr 'Abd al-'Azīz Ibn 'Uthmān ibn 'Alī al-Qabīsī (Alcabitius), *Al-madkhal ilā sinā 'at (ahkām) al-nujūm,* traducido al latín en el siglo XII con el título *Alchabitii Abdilazi liber introductorius ad magisterium judiciorum astrorum interprete Joanne Hispalensis* y publicado varias veces en los siglos XV y XVI.[40]

Rodríguez afirma haber visto los manuscritos de Muñoz *Interpretatio in sex libros Euclides* y *De planispherii parallelogrammi inventione.*[41] El propio Muñoz, en el *Libro del nuevo cometa,* alude a varias de sus obras manuscritas: *An Stellae aliquid agant in haec inferiora, et quae sint effecta stellarum* y *Comentarios sobre el quadripertito de Ptolomeo.*[42]

Algunos autores citan también un tratado de geografía titulado *Lectura geográfica*[43] supuestamente impreso en 1577 y otro manuscrito de la misma materia titulado *Descripcion geográfica de España,* que probablemente se trata de la misma obra.[44] De estos trabajos de geografía de Muñoz tenemos abundantes referencias. Así, Pedro Roiz, en su *Libro de reloges solares,* en el capítulo VI, "De las alturas del Norte de los principales pueblos de España", reproduce una tabla de dichas "alturas", "sacado de la descripción que con sus propios trabajos tiene hecho mi maestro Hieronymo Muñoz".[45] Escolano, en las *Décadas de la historia de Valencia,* a propósito de algunas cuestiones histórico-geográficas y de toponimia, menciona a Muñoz remitiéndose a la *Lectura geográfica* de éste[46] y Diago, en los *Anales del reyno de Valencia,* lo cita también llamándolo "gran geógrafo

---

[40] Cf. DAVID PINGREE, *Al-Qabisi,* en *Dictionary of Scientific Biography* dir. por Ch. C. Gillispie, vol. XI, New York, Charles Scribner's Sons, 1975, p. 226.

[41] J. RODRÍGUEZ, *op. cit.* (nota 7), p. 169.

[42] En fol. 4v y fol. 25v.

[43] Cf. XIMENO, *op. cit.* (nota 5), p. 143; PICATOSTE, *op. cit.* (nota 9), p. 203. El propio Muñoz en el *Libro del nuevo cometa,* fol. 9v, alude a un tratado de geografía a propósito de una cuestión de geodesia.

[44] Opinión expresada ya por COTARELO, *op. cit.* (nota 1), p. 19.

[45] PEDRO ROIZ, *Libro de reloges solares,* Valencia, Pedro de Huete, 1575, pp. 34-35.

[46] GASPAR ESCOLANO, *Década primera de la historia de la insigne, y Coronada Ciudad y Reyno de Valencia,* 2 vols., Valencia, P. P. Mey, 1610-1611. Edición facsímil utilizada: 6 vols., Valencia, 1972, vol. I, Libro I, col. 171; vol. IV, Libro VI, col. 120 y vol. V, Libro IX, col. 1.235.

hand. As the title suggests, this manuscript is a commentary on the astrological treatise of Abū'l-Ṣaqr 'Abd al-'Azīz ibn 'Uthmān ibn 'Alī al-Qabīṣī (Alcabitius), Al-madkhal ilā ṣinā'at (aḥkām)al-nujūm *translated into Latin in the twelfth century with the title* Alchabitii Abdilazi liber introductorius ad magisterium judiciorum astrorum interprete Joanne Hispalensis *and published several times in the fifteenth and sixteenth centuries.* [40]

Rodríguez claims to have seen Muñoz' manuscripts entitled Interpretatio in sex libros Euclides *and* De planispheri parallelogrami inventione. [41] *Muñoz himself, in the* Libro del nuevo Cometa, *alludes to various of his manuscript works:* An Stellae aliquid agant in hae inferiora et quae sint effecta stellarum *and* Comentarios sobre el guadripertito de Ptolomeo. [42]

Several authors also cite a treatise on geography entitled Lectura geográfica, [43] *supposedly printed in 1577, and another manuscript on the same subject entitled* Descripción geográfica de España; *these references are probably to the same work.* [44] *We have abundant references to these geographical works of Muñoz. Thus, Pedro Roiz, in chapter six of his* Libro de reloges solares, *"On the northern elevations of the principal towns of Spain," reproduces a table of these "elevations," "taken from the description which my teacher Hieronymo Muñoz made from his own work."* [45] *Escolano, in* Décadas de la historia de Valencia, *apropos of some questions regarding place-names and historical-geographical issues, mentions Muñoz referring to his* Lectura geográfica, [46] *and Diago, in* Anales del reyno de Valencia,

---

[40] *Cf.* David Pingree, *Al-Qabisi, in* Dictionary of Scientific Biography, *Charles C. Gillispie, ed., vol. XI, New York, Charles Scribner's Sons, 1975, p. 226.*

[41] J. Rodríguez, op. cit. *(note 7), p. 169.*

[42] *In fol. 4v and fol. 25v.*

[43] *Cf.* Ximeno, op. cit. *(note 5), p. 143;* Picatoste, op. cit. *(note 9), p. 203. Muñoz himself, in the* Libro del nuevo Cometa, *fol. 9v, aludes to a treatise on geography, with reference to a question of geodesy.*

[44] *An opinion expressed already by* Cotarelo, op. cit. *(note 1), p. 19.*

[45] Pedro Roiz, Libro de reloges solares, *Valencia, Pedro de Huete, 1575, pp. 34-35.*

[46] Gaspar Escolano, Década primera de la historia de la insigne, y Coronada Ciudad y Reyno de Valencia, *2 vols., Valencia, P. P. Mey, 1610-1611. Facsimile ed., 6 vols., Valencia, 1972, vol. I, Book I, column 171; vol. IV, Book VI, column 120, and vol. V, Book IX, column 1235.*

valenciano".[47] Impresa o no, es evidente que la obra geográfica de Jerónimo Muñoz era bien conocida en el ambiente valenciano, siendo ampliamente utilizada por los eruditos compatriotas del astrónomo, quienes lo citan siempre como una autoridad en la materia.

III

LA SUPERNOVA DE 1572

La estrella que se hizo visible en 1572, en la constelación Casiopea (identificada por los astrónomos del siglo XX como una supernova de tipo I),[48] y los trabajos y polémicas a que dio lugar, marca una importante etapa en el proceso de abandono de la cosmología aristotélica y medieval, y en la progresiva sustitución de ésta por la idea de un Universo infinito —o indefinido— de la física y la astronomía modernas.[49]

---

47 Francisco Diago, *Anales del reyno de Valencia,* Valencia, P. P. Mey, 1613, fols. 9v, 47v y 49r.

48 Véase David H. Clark; F. Richard Stephenson, *The Historical Supernovae,* Oxford, Pergamon Press, 1977, especialmente el cap. 10 dedicado a "The New Star of Tycho Brahe".

49 Las implicaciones de la "nova" de 1572 para la historia de la astronomía y para el proceso de cambio del "mundo cerrado al universo infinito" (A. Koyre, *From the Closed World to the Infinite Universe,* Baltimore, 1957) han sido puestas de relieve principalmente por C. Doris Hellman, a través del estudio de la literatura impresa y manuscrita que suscitó el mencionado fenómeno. Véanse, de este autor, "The New Star of 1572: its Place in the History of Astronomy", *Actes du IXe Congrès Internationale d'Histoire des Sciences,* Barcelona-Madrid, 1959, pp. 482-7; Maurolyco's "Lost" Essay on the New Star of 1572, *Isis, 51* (1960), 322-336; "Was Tycho Brahe as Influential as he Thought?", *The British Journal for the History of Science, 1* (1963), 295-324; "The Gradual Abandonment of the Aristotelian Universe: A Preliminary Note on Some Sidelights", *Mélanges Alexandre Koyré,* vol. I, Paris, Hermann, 1964, pp. 283-293; Galileo's Sources for and Use of Data concerning the Nova of 1572 and the Comet of 1577, *Atti del Symposium Internazionale di Storia, Metodologia, Logica e Filosofia della Scienza: "Galileo nella storia e nella filosofia della Scienza",* Manifestazioni celebrative del IV centenario della nàscita di Galileo (Firenze-Pisa, 14-16 Settembre 1964) (Collection des travaux de l'Académie Internationale d'Histoire des Sciences, 16), Florence, Gruppo Italiano di Storia delle Scienze, 1966, pp. 5-12; The Role of Measurement in the Downfall of a System: Some Examples from Sixteenth Century Comet and nova observations, *Vistas in Astronomia, 9,*

also cites him, calling him a "great Valencian geographer." [47] *Printed or not, it is evident that the geographical work of Jerónimo Muñoz was well known on the Valencian scene and amply utilized by his compatriots, who always cite him as an authority on the subject.*

III

THE SUPERNOVA OF 1572

THE *star which became visible in 1572 in the constellation Cassiopeia (identified by twentieth century astronomers as a Type I supernova),* [48] *and the works and polemics to which it gave rise, marked an important stage in the process of abandoning Aristotelian and medieval cosmology and signalled the progressive replacement of it by the idea of the infinite — or indefinite — universe of modern physics and astronomy.* [49]

---

47 FRANCISCO DIAGO, Anales del reyno de Valencia, *Valencia, P. P. Mey, 1613, fols. 9v, 47v, and 49r.*

48 *See* DAVID H. CLARK *and* F. RICHARD STEPHENSON, The Historical Supernovae, *Oxford, Pergamon Press, 1977, especially chapter 10: "The New Star of Tycho Brahe."*

49 *The implications of the "nova" of 1572 for the history of astronomy and for the process of change from the "closed world to the infinite universe"* (A. KOYRE, From the Closed World to the Infinite Universe, *Baltimore, 1957) have been studied principally by* C. DORIS HELLMAN, *through the analysis of the printed and manuscript literature which that phenomenon gave rise to. See, by this author, "The New Star of 1572: Its Place in the History of Astronomy,"* Actes du IXe Congrès Internationale d'Histoire des Sciences, *Barcelona-Madrid, 1959, pp. 482-487; "Maurolyco's 'Lost' Essay on the New Star of 1572,"* Isis, 51 *(1960), 322-336; "Was Tycho Brahe as influential as he Thought?,"* The British Journal for the History of Science, 1 *(1963), 295-324; "The Gradual Abandonment of the Aristotelian Universe: A Preliminary Note on Some Sidelights,"* Mélanges Alexander Koyré, *vol. I, Paris, Hermann, 1964, pp. 283-293; "Galileo's Sources for and Use of Data concerning the Nova of 1572 and the Comet of 1577,"* Atti del Symposium Internazionale di Storia, Metodologia, Logica e Filosofia della Scienza: "Galileo nella storia e nella filosofia della Scienza," *Manifestazioni celebrative del IV centenario della nàscita di Galileo (Firenze-Pisa, 14-16 Settembre 1964) (Collection des travaux de l'Académie Internationale d'Histoire des Sciences, 16), Florence, Gruppo Italiano di Storia delle Scienze, 1966, pp. 5-12; The Role of Measurement in the Downfall of a System: Some Examples from Sixteenth Century Comet and Nova observations,* Vistas in Astronomia, 9, *New Aspects in*

La mencionada estrella comenzó a verse súbitamente en noviembre de 1572, atrayendo la atención de numerosos astrónomos, clérigos, filósofos, sabios y hombres de toda condición. Fue observada hasta 1574, cambiando de brillo y color durante el período en que fue visible. Más de cincuenta autores, repartidos por toda Europa, escribieron trabajos sobre la "nova", de los cuales muchos fueron publicados e incluso traducidos a diferentes idiomas. Un número importante de estos trabajos permanecen todavía inéditos. Asimismo, un buen número de descripciones y comentarios sobre el fenómeno circularon en forma de cartas, siendo algunas incorporadas a la literatura impresa; de este modo, la supernova intensificó el contacto entre los científicos europeos, estableciéndose nuevas relaciones que permiten trazar interesantísimas redes de comunicación entre los diversos autores.

El extraño y asombroso fenómeno motivó también gran número de poemas, en muchos casos publicados. Se convirtió en la base de pronósticos y fue tema de sermones. En los años siguientes a la aparición de la supernova, en casi todos los tratados sobre "novas" y cometas figuran referencias a ella. Las opiniones acerca del fenómeno fueron muy diversas.

Muchos observadores la consideraron supralunar, si bien entre estos hubo discrepancias acerca de su naturaleza, si era estrella o "cometa" o si era o no efectivamente "nueva". Otro grupo usó las observaciones con fines astrológicos y hubo autores que pensaron que habían detectado un paralaje y clasificaron el fenómeno, de acuerdo con la doctrina aristotélica, como un "meteoro". Siguiendo a Doris Hellman,[50] el conjunto de tratado puede clasificarse gradualmente según su valor científico, pero incluso los menos valiosos en este sentido ayudaron a crear una conciencia de los problemas filosóficos y astronómicos que suscitaba.

El autor más conocido y citado en la historiografía de la ciencia en relación con la "nova" de 1572 es Tycho Brahe. Sin

---

New Aspects in the History and Philosophy of Astronomy, Ed. por Arthur Beer, Oxford, Pergamon Press, 1967, pp. 43-53; "Sixteenth century manuscript material on Novae and Comets", *XII*[e] *Congrès International d'Histoire des Sciences, Actes,* Tome III A, París, Blanchard, 1971, pp. 73-81. En las líneas que siguen hemos utilizado ampliamente los trabajos de Hellmann.

[50] "The New Star of 1572...", p. 483.

The aforementioned star became visible suddenly in November of 1572, attracting the attention of numerous astronomers, clerics, philosophers, learned men and others. It was observed until 1574, changing in color and brilliance during the period in which it was visible. More than fifty authors, scattered all over Europe, wrote works on the "nova", many of which were published and even translated into different languages. A significant number of these works still remain unpublished. Also, a good number of descriptions and commentaries on the phenomenon circulated in the form of letters, and some of these found their way into print; in this way, the supernova intensified the contact between European scientists, establishing new relations which permitted the development of very interesting networks of communication among the diverse authors.

The strange and amazing phenomenon also inspired a great number of poems, many of which were published. It became the basis for prognostication and was the theme of sermons. In the years following the appearance of the supernova, nearly all the treatises on "novas" and comets contained references to it. The opinions on the phenomenon were very diverse.

Many observers considered it a supralunar phenomenon, although there were discrepancies among them concerning its nature — was it a star or a "comet" and was it, indeed, "new"? Another group used the observations for astrological purposes, and there were authors who thought they had detected parallax and classified the phenomenon as a meteor, in accordance with Aristotelian doctrine. Following Doris Hellman,[50] *the whole body of work can be classified according to its scientific value, but even the least valuable in this sense helped to create an awareness of the philosophical and astronomical problems that the nova provoked.*

The best-known and most often cited author in the historiography of science as it relates to the "nova" of 1572 is Tycho

---

the Histoy nd Philosophy of Astronomy, Ed. by Arthur Beer, Oxford, Pergamon Press, 1967, pp. 43-53; "Sixteenth Century Manuscript Material on Novae and Comets," XIIe Congrès Internationale d'Histoire des Sciences, Actes, *Tome III A, Paris, Blanchard, 1971, pp. 73-81. In the lines that follow we have drawn amply on the works of Hellman.*

50 *"The New Star of 1572...," p. 483.*

duda sus observaciones fueron las mejores y más detalladas, alcanzando un admirable grado de precisión antes de la invención del telescopio. Sin embargo, como hemos indicado, no fueron las únicas ni acaso las más influyentes, al menos en los años inmediatamente posteriores al 1572.[51]

Entre los mejores observadores de la supernova figuran, además de Tycho Brahe, Thomas Digges de Cambridge, los dos bohemianos Thaddaeus Hagecius y Cipriano Leowitz, el maestro de Kepler Michael Maestlin, Jerónimo Muñoz, Cornelius Gemma de Lovaina, Elias Camerarius de Frankfurt y Hannibal Raimondus de Verona.[52]

En España, el fenómeno fue seguido también con expectación, escribiendo sobre ella algunos autores, además de Muñoz. Bartolomé Barrientos (m. en 1580), catedrático de latín y matemáticas de la Universidad de Salamanca y destacado gramático, publicó en 1574 un tratado sobre los cometas, *Cometarum explicatio atque praedictio,* en el que dedica un capítulo a la supernova de 1572.[53] Barrientos, que sigue la doctrina aristotélica sobre los cometas, considera a la nueva estrella dentro de este tipo de fenómenos. Afirma que comenzó a verla el 11 de noviembre, "ut mihi nunciatum est", formando invariablemente un "cuadrángulo" con las estrellas fijas de la constelación Casiopea. Según este autor, al principio su color era rosado, no diferenciándose ni en forma ni en magnitud de los planetas Júpiter y Venus, disminuyendo después sensiblemente hasta semejarse a una estrella de segunda magnitud. El 16 de abril de 1573, fecha en la que según nos informa redactó estas páginas,

---

51 Véase C. DORIS HELLMAN, "Was Tycho Brahe...?" y "The Role of Measurement in the Downfall of a System...". Sobre los trabajos de Tycho Brahe acerca de la "nova" de 1572 véase también J. B. J. DELAMBRE, *Histoire de l'astronomie moderne,* vol. I, París, 1821, pp. 185-207; J. L. E. DREYER, *Tycho Brahe, a Picture of Scientific Life and Work in the Sixteenth Century,* New York, Dover, 1963, particularmente pp. 38-70, y CLARK y STEPHENSON, *op. cit.* (nota 48), pp. 172-191.

52 Véanse los trabajos citados en la nota anterior. Según CLARK y STEPHENSON, *op. cit.* (nota 48), pp. 185-186, las observaciones más precisas de la posición de la "nova" referida a las estrellas de la Casiopea, fueron las de Tycho, Muñoz, Digges y Maestlin.

53 Cap. XVII: "De huius nostrae aetatis cometae consideratione", folios 19r y ss. En la Biblioteca de El Escorial se conserva un manuscrito sobre los cometas de este autor citado por HELLMAN, "Sixteenth Century Manuscript...", p. 77. Véase también J. A. SÁNCHEZ PÉREZ, *Las matemáticas en la Biblioteca del Escorial,* Madrid, 1929, p. 47.

Brahe. Without doubt his observations were the best and most detailed, reaching an admirable level of precision before the invention of the telescope. However, his observations, as we have indicated, were not the only ones, nor even the most influential, at least in the years immediately following 1572. [51]

Among the best observers of the supernova, besides Tycho Brahe, were Thomas Digges of Cambridge, the two Bohemians Thaddaeus Hagecius and Cipriano Leowitz, Michael Maestlin (Kepler's teacher), Jerónimo Muñoz, Cornelius Gemma of Louvain, Elias Camerarius of Frankfurt and Hannibal Raimondus of Verona. [52]

In Spain the phenomenon was also followed with suspense, and was written about by several authors besides Muñoz. Bartolomé Barrientos (died 1580), professor of Latin and mathematics at the University of Salamanca and a distinguished grammarian, published in 1574 a treatise on comets, Cometarum explicatio atque praedictio, *in which he dedicates a chapter to the supernova of 1572.* [53] *Barrientos, who followed Aristotelian doctrine on comets, considered the new star as falling into this category. He states that he began to watch it November 11, "ut mihi nunciatum est," and that it invariably formed a "quadrangle" with the fixed stars of Cassiopeia. According to him, at the beginning its color was pink, not different in form or magnitude from the planets Jupiter and Venus, then noticeably diminishing until it resembled a star of the second magnitude. On April 16, 1573, its color was silver. The astronomical data he gives are scant and imprecise. He locates the "comet" in the*

---

51 *See* C. DORIS HELLMAN, *"Was Tycho Brahe...?" and "The Role of Measurement in the Downfall of a System...." On Tycho Brahe's works on the "nova" of 1572, see also* J. B. J. DELAMBRE, Histoire de l'astronomie moderne, *vol. I, Paris, 1821, pp. 185-217;* J. L. E. DREYER, Tycho Brahe, a Picture of Scientific Life and Work in the Sixteenth Century, *New York, Dover, 1963, especially pp. 38-70; and* CLARK *and* STEPHENSON, op. cit. *(note 48), pp. 172-191.*

52 *See the works cited in the preceding note. According to* CLARK *and* STEPHENSON, op. cit. *(note 48), pp. 185-186, the most accurate observations of the position of the "nova" with reference to the stars of Cassiopeia were those of Tycho, Muñoz, Digges, and Maestlin.*

53 *Chapter XVII: "De huius nostrae aetatis cometae consideratione," fols. 19r and following. A manuscript of this author, cited by* HELLMAN, *"Sixteenth Century Manuscript...," p. 77, on comets is preserved in the library of El Escorial. See also* J. A. SÁNCHEZ PÉREZ, Las matemáticas en la biblioteca del Escorial, *Madrid, 1929, p. 47.*

el color era plateado. Los datos astronómicos que da son escasos e imprecisos. Sitúa el "cometa" en la constelación Casiopea, en la "cáthedra", con declinación boreal o septentrional de aproximadamente 75°, a casi 15° de distancia del polo ártico y en el signo de Tauro.

Picatoste cita y describe una obra que no hemos podido encontrar de Juan Molina de la Fuente, titulada *Juicio y pronóstico del cometa de 1572* (1572).[54] Según el mencionado autor, Molina dice que el "cometa" apareció el 13 de noviembre por la noche, con aspecto muy semejante a Júpiter, del cual distaba más de 15°. Al examinar las características del fenómeno, duda que este "cometa" sea de los que describe Aristóteles y sospecha que está entre las estrellas fijas. Este trabajo, si damos crédito a Picatoste, sería el primero publicado en España sobre la "nova" del 72.

Sobre el impacto de la "nova" en la literatura española posterior, hablaremos más adelante.

IV

MUÑOZ Y LA SUPERNOVA DE 1572. EL LIBRO DEL NUEVO COMETA

El mejor estudio realizado en España y uno de los mejores de Europa sobre la supernova de 1572 fue el debido a Jerónimo Muñoz, quien publicó sus resultados y conclusiones en forma de un pequeño libro, titulado *Libro del nuevo Cometa,* cuya reedición presentamos.

Epístola al rey Felipe II

La obra comienza con una dedicatoria al rey, en la que Muñoz nos informa del ambiente de expectación que existía en la corte y otros lugares acerca del fenómeno, su naturaleza y significado, expectación manifestada a través de numerosas cartas que se le habían dirigido para que expresara su opinión sobre el tema. Su intención, pues, al publicar este libro, era dar cum-

[54] Picatoste, *op. cit.* (nota 9), p. 198.

constellation Cassiopeia, in the "cathedra," with a northern declination of approximately 75°, at nearly 15° distance from the arctic pole and in the sign of Taurus.

Picatoste cites and describes a work which we have not been able to find by Juan Molina de la Fuente, entitled Juicio y pronóstico del cometa de 1572 *(1572).*[54] *According to this author, Molina says that the "comet" appeared on the night of November 13, with an appearance very similar to that of Jupiter, from which it was 15° distant. On examining the characteristics of the phenomenon, he doubts that this "comet" is one of those described by Aristotle and suspects that it is among the fixed stars. This work, if we believe Picatoste, would have been the first published in Spain on the "nova" of 1572. We will address ourselves below to the impact of the "nova" on later Spanish literature.*

IV

MUÑOZ AND THE SUPERNOVA OF 1572. THE LIBRO DEL NUEVO COMETA

Letter to King Philip II (See Anthology)

THE *best study of the supernova of 1572 done in Spain, and one of the best in all Europe, we owe to Jerónimo Muñoz, who published his results and conclusions in the form of a little book entitled* Libro del nuevo Cometa, *whose re-edition we present here. The work begins with a dedication to the king, in which Muñoz informs us of the atmosphere of suspense which prevailed in the court and other places concerning the phenomenon, its nature and significance, and the anticipation manifested in the many letters which had been written to him asking him to express his opinion on the matter. His intent, thus, in publishing this book, was to give a complete response to these re-*

[54] PICATOSTE, op. cit. *(note 9), p. 198.*

plida respuesta a estas peticiones y concretamente a la solicitud del rey "instigador para que escribiera el libro acerca del cometa".[55] En cuanto a sus propósitos también quedan claramente

Epístola, 3v manifestados: mostrar "por razones naturales y demostraciones geométricas" la naturaleza celeste del fenómeno, contra la creencia basada en la doctrina aristotélica de que el "cielo es de su naturaleza incorruptible". Para Muñoz, es precisamente la fe y el crédito que muchos conceden a Aristóteles lo que hace que

Epístola, 3r "viendo aun por razones naturales sacadas de las propiedades de este cometa, que el esta en el cielo, y tiene naturaleza o parentesco con las estrellas fijas, no han podido entender lo que con los ojos pudieran ver". Una interesante reflexión sobre los condicionamientos que operan en la percepción de los fenómenos.

Epístola, 4r Muñoz adelanta también de qué medios se ha servido para determinar el carácter celeste del fenómeno, a saber, la determinación del paralaje y mediante ello, la estimación de su distancia a la tierra. Finalmente justifica la inclusión de un pronóstico astrológico del "cometa", aludiendo a la influencia de los astros y fundamentando dicha influencia en el ambientalismo hipocrático, como habían hecho algunos insignes médicos

Epístola, 4v valencianos como Pedro Jaime Esteve:[56] "Y nuestro cuerpo es inspirable y expirable, como dice Hipócrates: Y por consiguiente siendo sujetos a las mudanzas del aire, seremos sujetos a los autores de las mudanzas del..." No obstante, no deja de tomar distancias frente a toda interpretación determinista: "Quitando pues la necesidad fatal, no hay duda sino que tienen gran dominio las estrellas sobre todo lo corporal, quedando empero como tengo dicho el hombre en su libre albedrío."

1,5v En el capítulo primero Muñoz describe las distintas clases de estrellas, "fijas y errantes". Siguiendo a Ptolomeo afirma que hay en el cielo 1.022 estrellas fijas y las clasifica por orden de

---

[55] Carta de Muñoz a Reisacherus: "Rex impulsor ad scribendum librum de cometa", fol. 6r.

[56] Esteve era un gran defensor de la astrología y de su importancia para la medicina, llegando incluso a ocupar una cátedra de esta materia (astronomía y astrología) en la Universidad de Valencia, en 1555, cátedra creada además de la ya existente de matemáticas y probablemente bajo su influencia. En su obra *Hippocrates Coi Medicorum omnium principis epidemicum liber secundus...*, Valencia, J. Mey, 1551, fol. 5v, Esteve declara: "Medicus astronomiae ignarus non est sectator Hippocratis". Véase J. M.ª López Piñero, *Ciencia, técnica y sociedad...*, p. 195.

quests and specifically to the petition of the king, "the one who instigated the writing of the book on the comet." [55]

Letter, 3v (See Anthology) *His purposes are equally clearly stated: to show "through the power of natural reasoning and geometrical demonstration" the celestial nature of the phenomenon, contrary to beliefs based on Aristotelian doctrine that the "sky is by its nature incorruptible." For Muñoz, it is precisely the faith and authority that many concede to Aristotle which caused them, "even seeing by* Letter, 3r (See Anthology) *natural reasoning drawn from the properties of this comet — that it is in the sky, that it has the nature of or relationship with the fixed stars — to be unable to understand what they could see with their own eyes." This is an interesting reflection in the circumstances which affect the perception of such phenomena.*

Letter, 4r *Muñoz also sets forth the methods which served him in determining the celestial character of the phenomenon, namely, the determination of the parallax and from this, the estimation of its distance from earth. Finally he justifies the inclusion of an astrological prognostication of the comet, alluding to the influence of the stars and establishing this influence in Hippocratic environmentalism, as several renowned Valencian phy-* Letter, 4v *sicians such as Pedro Jaime Esteve had done:* [56] *" Our body breathes in and breathes out, as Hippocrates says: and consequently being subject to changes in the air, we will be affected by the causes of these changes." Nevertheless, he does not fail to take exception with deterministic interpretations: " Leaving aside fatal necessity, there is no doubt but that the stars exercise a grand dominion over all flesh, leaving nevertheless as I have said, man in a state of free will."*

1,5v *In the first chapter, Muñoz describes the different classes of stars — "fixed and wandering." Following Ptolemy he affirms that there are in the sky 1022 fixed stars and he classifies them*

---

[55] *Letter of Muñoz to Reisacher: "Rex impulsor ad scribendum librum de cometa," fol. 6r.*

[56] *Esteve was a great defender of astrology and of its importance for medicine. He gained a chair in this subject (astronomy and astrology) at the University of Valencia in 1555. This chair was distinct from the already existing one of mathematics and was probably founded under its influence. In his work* Hippocrates Coi Medicorum omnium principis epidemicum liber secundus ..., *Valencia, J. Mey, 1551, fol. 5v, Esteve declares: "Medicus astronomie ignaris non est sectator Hippocratis." See* J. M. LÓPEZ PIÑERO, Ciencia, técnica y sociedad ..., *p. 195.*

1,7r magnitud. Basándose en sus propias observaciones, realizadas al final de 1570, y en las longitudes dadas por Ptolomeo, adopta una precesión de los equinocios de 54,13 segundos por año.

El capítulo segundo está dedicado a la aparición del "cometa" y a la determinación de su posición relativa en el cielo. A partir del testimonio de muchas personas de Onteniente, a las que había enseñado públicamente a conocer las estrellas, Muñoz
2,7v deduce que a principios de noviembre (el día 2) "no había este cometa en el cielo".[57] La primera noticia de su aparición le vino por unos pastores de la mencionada ciudad, "muy ejercitados", quienes el día 18 le avisaron sobre la presencia en el cielo de la nueva estrella. Finalmente, consultando a pastores y calcineros de Torrente (cerca de Valencia), Muñoz fija como fecha inicial de aparición de la estrella el 11 de noviembre, señalando la concordancia de esta fecha con las teorías astrológicas de Albumasar.

La primera observación detenida la realizó el 2 de diciembre. "La magnitud aparente de él parecía entonces algo mayor que la de Júpiter, que distaba del cometa 59 gra. y casi igualaba con la del Lucero, que por la mañana aparecía. El color de él era mezclado casi del color de Saturno, que tira algo al del plomo,
2,8r y del de Marte. Más parecía scintillar como estrella fija". Muñoz midió la distancia angular de la "nova" a las tres estrellas "mas altas y mayores de la constelación de la Casiopea" con las que "hacía una figura casi rombo". En la tabla siguiente incluimos las distancias angulares entre la supernova y α, β y γ Casiopea (2, 12 y 4 en la nomenclatura de la época), estimadas por Muñoz, Tycho Brahe, Digges y Hagecius[58] así como las calculadas por los astrónomos actuales David H. Clark y F. Richard Stephenson.

---

[57] Esta negativa apreciación de Muñoz ha sido considerada de interés por CLARK y STEPHENSON, *op. cit.* (nota 48), p. 173. Los primeros autores en observar la estrella fueron Wolfgang Schuler y Francesco Maurolyco. Schuler la observó por primera vez el 6 de noviembre y Maurolyco en la misma fecha o quizá antes. Véase C. DORIS HELLMAN, "Maurolyco 'lost' Essay...", pp. 334-335.

[58] T. HAGECIUS corrigió la distancia a γ Cas. (de 4° 51' a 5° 3') dada inicialmente en su *Dialexis de novae et prius incognitae stellae inusitatae magnitudinis et splendidissim, luminis apparitione...*, Francofurti ad Moenum, 1574, pp. 12-17. Las correcciones de Hagecius las menciona TYCHO BRAHE en su *Astronomiae Instauratae Progymnasmata* (Ed. utilizada:

by order of magnitude. Based on his own observations done at
1,7r *the end of 1570, and on the longitudes given by Ptolemy, he adopts a precession of the equinoxes of 54.13 seconds per year.*

The second chapter is dedicated to the appearance of the "comet" and to the determination of its relative position in the sky. Based on the testimony of many persons in Onteniente, to whom he had publicly taught a knowledge of the stars, Muñoz deduces that at the beginning of November (the second), "the
2,7v (See Anthology) *comet was not in the sky."* [57] *The first news of its appearance came to him from some shepherds of that town, "very knowledgeable," who informed him on the 18th of the presence of the new star in the sky. Finally, consulting shepherds and lime burners from Torrente (near Valencia), Muñoz fixed November 11 as the date of the star's initial appearance, pointing out the concordance of this date with the astrological theories of Albumasar.*

He made the first detailed observation on the second of December. "Its apparent magnitude appeared then a little greater than that of Jupiter, which was 59 degrees distant from the comet, and nearly equal to that of Lucifer, which appeared in the morning. The color was a mixture of almost the color of Saturn, which has a tinge of the color of lead, and of that of Mars. It seemed to flicker more like a fixed star." Muñoz
2,8r (See Anthology) *measured the angular distance of the "nova" to the three "highest and largest stars in the constellation Cassiopeia" with which "it formed a nearly rhomboid figure." In the following table we include the angular distances between the supernova and α, β and γ Cassiopeia (2,12 and 4 in the nomenclature of the epoch), estimated by Muñoz, Tycho Brahe, Digges and Hagecius* [58] *as well as those calculated by the contemporary astronomers David H. Clark and F. Richard Stephenson.*

---

[57] *This negative judgement of Muñoz has been considered interesting by* CLARK *and* STEPHENSON, op. cit. *(note 48), p. 173. The first authors to observe the star were Wolfgang Schuler and Francesco Maurolyco. Schuler observed it first on November 6 and Maurolyco on the same date or even before. See* C. DORIS HELLMAN, *"Maurolyco's 'Lost' Essay...," pp. 334-335.*

[58] T. HAGECIUS *corrected the distance to γ Cas. (from 4° 51' to 5° 3') given initially in his* Dialexis de novae et prius incognitae stellae inusitatae magnitudinis et splendidissim, luminis apparitione..., *Francofurti ad Moenum, 1574, pp. 12-17. Hagecius' corrections are mentioned by* TYCHO BRAHE *in his* Astronomiae Instauratae Progymnasmata *(edition here utilized*

		DISTANCIAS			
Estrella	*Calculadas (Clark y Steph.)*	*Tycho*	*Digges*	*Hagecius*	*Muñoz*
2 (α Cas.)	7° 49,1'	7° 50,5'	7° 47'	7° 47'	7° 50'
12 (β Cas.)	5° 20,8'	5° 19,0'	5° 15'	5° 15'	5° 20'
4 (γ Cas.)	4° 58,4'	5° 02,0'	4° 58'	5° 3'	5° 10'

Como puede verse, las distancias estimadas por el astrónomo valenciano se desvían de los valores calculados para el remanente de la supernova en 0,9', 0,8' y 11,6' respectivamente. Como señalan Clark y Stephenson,[59] Muñoz fue un observador extremadamente escrupuloso, sin llegar a la altura de Tycho Brahe.

Muñoz midió también la distancia de la nueva estrella a la polar, obteniendo como resultado 26° 40' (Tycho encontró 25° 14' y Hagecius 25° 30'). Por otra parte, de las dos alturas meridianas de la "nova", estimadas en 67° 30' y 11° 30' y de la altura del polo en Valencia, 39° 30', dedujo su declinación aparente, obteniendo 62°. En efecto, restando de la altura meridiana mayor la menor tenemos el arco diametral del círculo que describe
2,8v el "cometa" alrededor del polo, cuya mitad nos da la distancia angular aparente del "cometa" del verdadero polo, o sea, 28°.[60] Restando 28° de 90°, que es la distancia del polo al círculo equinoccial, obtenemos la declinación.

El capítulo tercero trata de la determinación de la ascensión recta y las coordenadas eclípticas de la "nova". La ascensión
3,8v recta la fijó Muñoz en 1° 33', usando un método inspirado probablemente en Regiomontano, consistente en determinar el tiempo de la culminación de la "nova" a partir de la altura de alguna estrella y estimando, mediante el uso de tablas, la posición del Sol en la eclíptica para la fecha de la observación.[61] A par-

Opera Omnia, Francofurti, Ioannis Godofredi Shönwetteri, 1648; incluye la *Astronomiae...* y *De Mundi Aetherei Recentioribus Phaenomenis agit;* las referencias a Hagecius en Parte I, pp. 314-326). Para las distancias de Tycho y Digges véase Clark y Stephenson, *op. cit.* (nota 48), pp. 184-186.

59 *Op. cit.* (nota 48), p. 185.

60 En el texto hay un error tipográfico y se lee 18°.

61 En el capítulo 14, Muñoz dice: "tomaras la hora, cuando media el cielo por alguna estrella y con el lugar verdadero del Sol, hallaras cuanta

DISTANCES

Star	(Clark & Steph.)	Tycho	Digges	Hagecius	Muñoz
2 (α Cas.)	*7° 49,1'*	*7° 50,5'*	*7° 47'*	*7° 47'*	*7° 50'*
12 (β Cas.)	*5° 20,8'*	*5° 19,0'*	*5° 15'*	*5° 15'*	*5° 20'*
4 (γ Cas.)	*4° 58,4'*	*5° 02,0'*	*4° 58'*	*5° 3'*	*5° 10'*

As one can see, the distances estimated by the Valencian astronomer deviate from the calculated values for the remnant of the supernova by 0.9', 0.8' and 11.6', respectively. As Clark and Stephenson point out, Muñoz was an extremely scrupulous observer, without, however, reaching the stature of Tycho Brahe. [59]

Muñoz also measured the distance from the new star to the pole, obtaining the result of 26° 40' (Tycho found 25° 14' and Hagecius 25° 30'). Furthermore, from the two meridian elevations of the "nova", estimated at 67° 30' and 11° 30', and the height of the pole in Valencia, 39° 30', he deduced its apparent declination as 62°. In effect, subtracting the lesser meridian altitude from the greater, we have the diametric arc of the circle described by the comet around the pole, whose half gives us the apparent angular distance of the comet from the true pole, namely, 28°. [60]
2,8v (See Anthology) *Subtracting 28° from 90°, which is the distance from the pole to the equinoctial circle, we obtain the declination.*

The third chapter deals with the determination of the right ascension and the ecliptic coordinates of the "nova." Muñoz
3,8v *fixed the right ascension at 1° 33', using a method probably inspired by Regiomontanus, which consisted of determining the time of the culmination of the "nova" in relation to the altitude of some star and estimating, through the use of tables, the position of the Sun in the ecliptic for the date of the observation.* [61]

---

is Opera Omnia, *Francofurti, Ioannis Godofredi Shönwetteri, 1648; it includes the* Astronomiae... *and* De Mundi Aetherei Recentioribus Phaenomenis agit; *the references to Hagecius are in Part I, pp. 314-326). For distances of Tycho and Digges, see* CLARK *and* STEPHENSON, op. cit. *(note 48), pp. 184-186.*

59 Op. cit. *(note 48), p. 185.*

60 *There is a typographical error reading 18° in the text.*

61 *In chapter 14, Muñoz says: "You take the hour, when [the comet] reaches the meridian, by some star; and with the true position of the*

tir de las coordenadas ecuatoriales y, valiéndose también de los métodos y técnicas de Regiomontano, Muñoz calcula las coordenadas eclípticas, fijándolas en 7° 4' de Tauro, o sea 37° 48' de longitud, y 53° 36' de latitud septentrional aparente.

Seguidamente, en el capítulo cuarto, Muñoz ofrece una excelente exposición didáctica de la distinción entre lugar verdadero
4,11r y aparente de los astros y del concepto de paralaje (paralaje de altura), "un arco del cielo estrellado entre el verdadero lugar
4,11v de un cuerpo y el lugar aparente de él". Acompaña la explicación de un gráfico en el que se muestra que el paralaje es función de la distancia del astro al centro de la tierra.

En el capítulo quinto Muñoz procede a discutir la naturaleza del fenómeno y las diversas y posibles interpretaciones del mis-
5,12r mo. Admitido que no es una estrella fija de las que antes apa-

---

es la ascensión recta de él..." El procedimiento usado por Muñoz consiste, pues, simplemente en lo siguiente: dada la posición del Sol (longitud) en la eclíptica y la oblicuidad de ésta, podemos conocer su ascensión recta y el intervalo de tiempo entre la culminación del Sol (sabido que éste culmina a mediodía) y el del "cometa" (conocido refiriéndolo a una estrella situada en el mismo meridiano) nos da las diferencias entre las ascensiones rectas del sol y el "cometa". En el texto hay un error tipográfico para el tiempo de culminación de la "nova", ya que con 5 horas 58 min. para dicho tiempo resulta una ascensión recta de 6° 32' 45". En la carta a Reisacherus, Muñoz señala este error, debiendo leerse 5 horas 38 min. Con este dato, la ascensión recta de la "nova" resulta efectivamente de 1° 32' 45" o, aproximadamente, 1° 33' que es el resultado obtenido por Muñoz. En efecto, 6° 28' Capricornio equivale a 276° 28' de longitud. Dada la oblicuidad de la eclíptica, que según Muñoz es de 23° 30', tenemos un triángulo esférico rectángulo formado por el círculo horario del Sol, el ecuador y la eclíptica.

Sea

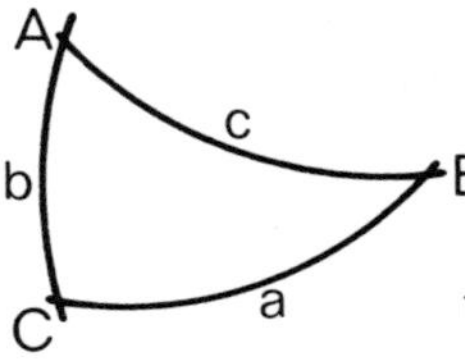

α = ascensión recta del Sol
AB = c = arco ecuador = 360° — α
λ = longitud del Sol
BC = a = arco eclíptica = 360° — λ = 83° 32'
$\widehat{A} = 90°$
$\widehat{B}$ = oblicuidad eclíptica = 23° 30'
tg c = tg a. cos B = tg 83° 32'. cos 23° 30'
c = 82° 57' 15"
5 h. 38' equivale a 84° 30', diferencia entre la ascención recta del Sol y el cometa.

Ascensión recta Sol = α	277° 2' 45"
Diferencia ascensiones rectas .... (Sol — "cometa")	84° 30'
Asc. recta "cometa"	361° 32' 45"

On the basis of the equatorial coordinates and availing himself also of the methods and techniques of Regiomontanus, Muñoz calculated the ecliptic coordinates, fixing them at 7° 4' from Taurus, or 37° 48' longitude and 53° 36' apparent northern latitude.

Forthwith, in the fourth chapter, Muñoz offers an excellent didactic exposition of the distinction between the true and apparent place of the stars and of the concept of parallax (parallax of elevation), "an arc of the starry sky between the true place of a body and its apparent place." He accompanies this explication with a diagram showing that parallax is a function of the distance of the star to the center of the earth. (4,11r; 4,11v)

In the fifth chapter Muñoz proceeds to discuss the nature of the phenomenon and the diverse and possible interpretations of it. Admitting that it is not one of the fixed stars which had (5.12r (See Anthology))

Sun, you will find how much its right ascencion is...." The procedure used by Muñoz consists, simply, in the following: given the position of the Sun (longitude) in the ecliptic and the oblicuity of the latter, we can know its right ascension and the interval of time between the culmination of the Sun (since it's known that it culminates at noon) and that of the "comet" (which is known by relating it to a star situated in the same meridian) gives us the differences between the right ascensions of the Sun and the "comet." In the text there is a typographical error for the time of culmination of the "nova," since the value of 5 hours 58 minutes for said time gives a right ascension of 6° 32' 45". In his letter to Reisacher, Muñoz points out this error, which should read 5 hours 38 minutes. With this correction, the right ascension of the "nova" turns out to be 1° 32' 45" or approximately 1° 33' which is the result obtained by Muñoz. In effect, 6° 28' Capricorn is equivalent to 276° 28' of longitude. Given the oblicuity of the ecliptic, which according to Muñoz is 23° 30', we have a right spherical triangle formed by the hourly circle of the Sun, the equator, and the ecliptic.

Let

α = right ascension of the Sun

$AB = c$ = arc of the equator $= 360° - \alpha$

λ = longitude of the Sun

$BC = a$ = arc of the ecliptic $= 360° - \lambda = 83° 32'$

$\widehat{A} = 90°$

$\widehat{B}$ = oblicuity of the ecliptic $= 23° 30'$

$tg\ c = tg\ a .\ cos\ B = tg\ 83° 32' .\ cos\ 23° 30'$

$c = 82° 57' 15''$

5h. 38' is equivalent to 84° 30', the difference between the right ascension of the Sun and the comet.

Right ascension of the Sun = α	277° 2' 45"
Difference in right ascensions .... (Sun — "comet")	84° 30'
Right ascension of "comet"	361° 32' 45"

recían en el cielo, cabe argumentar que era una estrella invisible hecha visible "atrayendo vahos, o sumidas exhalaciones". Pero si se acepta esto, los vahos deben proceder del propio cielo o del mundo sublunar. El primer caso implicaría que en el cielo hay "novedades, aumentos y alteraciones", contra la doctrina peripatética y en el segundo caso, si los dichos "vahos" proceden del mundo sublunar, no podrían atravesar las esferas sóli-
5,13r das cuya existencia presumen también los peripatéticos. Siguiendo, pues, la doctrina de éstos, sólo queda como alternativa que es un fenómeno sublunar y dada la considerable variación de su magnitud aparente debe concluirse o bien que ha experimentado una gran variación en las distancias respecto de la tierra, "subiendo mucho más arriba de la suprema región del aire", lo que de nuevo contradeciría la doctrina peripatética, o que se comporta como un planeta, lo que no es el caso o bien que se va "resolviendo o deshaciéndose". El mismo argumento relativo a las notables variaciones de magnitud aparente del fenómeno lo utiliza Muñoz contra los que opinan que es una estrella fija. De todo ello resulta que, tanto si es un fenómeno sublunar, lo que Muñoz refutará más adelante, como si es de naturaleza celeste, debe de ser un cometa, en apoyo de lo cual añade
5,13v que se "ha hecho cerca de la Vía Lactea, que es el lugar ordinario donde se hacen los cometas". En el capítulo siguiente expone las distintas clases de cometas según la literatura más conocida sobre el tema y se remite a Plinio, Albumasar, Jovianus Pontanus, Regiomontano y Ptolomeo concluyendo que "en nin-
6,15r gún autor hallo cometa semejante a éste, el cual más parece estrella que cometa". Sin duda, opina Muñoz, debe de tratarse de un astro análogo a los que parece aludir Lucano: "*Ignota obscurae viderunt sidera noctes,* que eran a manera de estrellas, no conocidas por los hombres doctos". A continuación procede (cap. 7) a describir la teoría tradicional ("peripatética") "del lugar donde se hacen los cometas", poniendo de relieve la poca consistencia de la ordenación topológica en "regiones" de la esfera del aire establecida por los seguidores de dicha doctrina. Aquí es interesante señalar que Muñoz, frente a las "especula-
7,17r ciones" peripatéticas, opone la observación y la medida. Así, para decidir acerca de la altura respectiva de las "regiones del aire" señala que bastaría un astrolabio y una sencilla triangulación, abandonándose así las estériles disputas sobre la altura de las nubes y hasta dónde llega la "ínfima región del aire". Final-

formerly appeared in the sky, he argues that it was an invisible star made visible "by attracting vapors, or elevated exhalations." But if one accepts this, the vapors must originate in the sky itself or in the sublunar world. The first instance would imply that there are "changes, additions and alterations" in the sky, contrary to peripatetic doctrine; in the second case, if the so-called "vapors" proceed from the sublunar world, they would
5,13r (See Anthology) *not be able to pass through the solid spheres whose existence was also presumed by the peripatetics.*

Following this doctrine then, the only remaining alternative is to declare it a sublunar phenomenon, and given the considerable variation of its apparent magnitude one must conclude either that it had undergone great variation in distance with respect to the earth "rising much higher than the highest region of the air" — which again contradicts peripatetic doctrine — or that it behaved like a planet, which was not the case, or that it kept "coming apart or disintegrating." Muñoz used this same argument concerning the notable variations in apparent magnitude of the phenomenon against those who thought it was a fixed star. The result of all this is that, whether it was a sublunar phenomenon — which Muñoz would later refute — or celestial in nature, it must be treated as a comet; in support of
5,13v (See Anthology) *this he adds that "it was formed near the Milky Way, which is the place where comets usually are formed."*

In the next chapter he expounds on the different classes of comets according to the best known literature on the subject, and he refers to Pliny, Albumasar, Jovianus Pontanus, Regio-
6,15r *montanus and Ptolemy, concluding that "nowhere do I find a comet similar to this, which resembles a star more than a comet." Doubtless, suggests Muñoz, one must be dealing with a star analogous to those Lucano appears to allude to:* "Ignota obscurae viderunt sidera noctes, *which were in the manner of stars, unknown by learned men."*

He continues in chapter seven to describe the traditional (peripatetic) theory "of the place where comets are formed," putting in relief the lack of consistency of the topological ordering of "regions" of the sphere of air established by the followers of that doctrine. Here it is interesting to point out that Muñoz,
7,17r *confronted with peripatetic "speculations," offers instead empirical observation and measurement. Thus, in order to resolve the issue of elevation with respect to "atmospheric regions," he*

mente, en el capítulo 8, tras referirse a las doctrinas de Séneca, Demócrito y Anaxágoras,[62] favorables al carácter celeste de los cometas, procede a considerar los movimientos de éstos, con ejemplos tomados de Regiomontano, Pontanus y Plinio, difícilmente explicables con las teorías peripatéticas y atribuyéndoles
8,18v situación sublunar. Así, pues, concluye Muñoz, los cometas que duran mucho "no se hacen en el aire, sino que son de naturaleza celeste, y tienen principio de su movimiento diferente del de los planetas y del primer móvil: aunque el nuestro cometa hasta ahora ha guardado inviolablemente las leyes del movimiento del primer móvil, como si fuera estrella fija".

En síntesis, la opinión de Jerónimo Muñoz acerca del fenómeno es que se trata de un cometa, de origen y naturaleza celeste como la mayoría de los que duran mucho, no correspondiendo su aspecto y comportamiento con los descritos por la literatura sobre el tema y presentando una gran analogía con las estrellas fijas.[63]

---

62 La apreciación que hace Muñoz de las ideas de Séneca relativas a los cometas no es totalmente exacta. Séneca efectivamente pensaba que los cometas son cuerpos celestes, pero no, como refiere Muñoz, que se "hacen" en el cielo sino que, como los planetas, poseían sus propias órbitas regulares y debían contarse entre las "obras eternas de la naturaleza". Véase el Libro Séptimo de las *Cuestiones naturales* de este autor (Ed. utilizada: LUCIO ANNEO SÉNECA, *Tratados Filosóficos*, Madrid, 1884, trad. castellana de Francisco Navarro y Calvo). C. DORIS HELLMAN, en *The Comet of 1577...*, pp. 30-34, hace una excelente síntesis de las ideas de Séneca sobre los cometas.

63 El error de Muñoz al calificar a la "nova" de cometa, dando al propio tiempo una descripción correcta del fenómeno y poniendo de relieve su analogía con las estrellas, debe evaluarse en función de los problemas que les planteaba a los científicos de la época el encontrar una explicación de la naturaleza y causas de este nuevo astro y de los recursos explicativos que poseían. Como señala DORIS HELLMAN en *The new Star...*, p. 485, las razones que dio Tycho Brahe para llamarlo estrella no fueron mejores que las de Muñoz para su nomenclatura. Tycho Brahe en su primer trabajo sobre la "nova" dijo que era una estrella porque seguía pensando que los cometas eran fenómenos sublunares. Además, calificó su formación de auténtico milagro. Posteriormente, a raíz de sus trabajos sobre el cometa de 1577, revisó su opinión sobre los cometas y en la *Astronomiae Instauratae Progymnasmata* reconsideró también esta

points out that an astrolabe and simple triangulation would suffice, thus giving up the sterile disputes about the height of the clouds and how far the "lowest region of the atmosphere" extended.

Finally, in chapter eight, after referring to the doctrines of Seneca, Democritus and Anaxagoras,[62] which are favorable to the idea of the celestial character of comets, he proceeds to consider their movements, with examples taken from Regiomontanus, Pontanus and Pliny, movements which can be explained only with difficulty using peripatetic theory, which attributes to them a sublunar situation. Therefore, concludes Muñoz, comets
8,18v which last a long time "are not formed in the atmosphere, but are rather of a celestial nature, and spring from a different motion than that of the planets and of the prime mover; although our comet has until now followed inviolably the laws of motion of the prime mover, as if it were a fixed star."

To sum up, Jerónimo Muñoz' opinion concerning the phenomenon was that it was a comet, of celestial nature and origin like the majority of those which last a long time, but was not comparable in its appearance and behavior to those described in the literature on the subject and seemed more analogous to the fixed stars.[63]

---

[62] Muñoz' understanding of the ideas of Seneca relative to comets is not totally exact. Seneca thought that comets were celestial bodies but not, as Muñoz states, that they are "made" in the heavens but that, like the planets, they possess their own regular orbits and ought to be reckoned among the "eternal works of Nature." See the Seventh Book of the Cuestiones naturales of this author (edition here utilized is LUCIO ANNEO SÉNECA, Tratados Filosóficos, Madrid, 1884, Francisco Navarro y Calvo, trans.). C. DORIS HELLMAN in The Comet of 1577 . . . , pp. 30-34, provides an excellent synthesis of Seneca's views on comets.

[63] Muñoz' error in describing the "nova" as a comet, while at the same time giving a correct description of the phenomenon and making clear its relationship to the stars, must be seen within the context of the way in which scientists of the epoch conceptualized the problem in an attempt to explain the nature and causes of the new star on the basis of the explanatory concepts available to them. As DORIS HELLMAN points out in The New Star . . . , p. 485, the reasons which Tycho Brahe advanced for calling it a star were no better than those adduced by Muñoz for his own nomenclature. Tycho Brahe, in his first work on the "nova," said it was a star because he persisted in thinking that comets were sublunar phenomena. Moreover, he characterized its formation as an authentic miracle. Afterwards, owing to his studies of the comet of 1577, he revised his opinion on comets and in the Astronomiae Instauratae Progymnasmata

Después de esta discusión sobre la naturaleza de la "nova", Muñoz, en los capítulos 9 a 13, expone los diversos procedimientos y técnicas que permiten estimar si un cuerpo que aparece en el cielo posee o no paralaje sensible y la cuantía de éste. Aplicando dichos procedimientos al fenómeno en estudio el astrónomo valenciano demuestra inequívocamente el carácter celeste del mismo.

9,18r En primer lugar, Muñoz expone el método usado por Pto-
lomeo para evaluar el paralaje de la luna, método basado en la
comparación de su lugar aparente con el calculado a partir de
9,18v las tablas de su movimiento. Así, según Ptolomeo, para una
distancia cenital de 50° 55' el paralaje de la luna resultó ser de
1° 7'. Con estos datos, es decir, con la distancia cenital y el
10,19v paralaje de la luna o de cualquier cuerpo, Muñoz explica cómo
mediante sencillas relaciones trigonométricas puede estimarse
la distancia de dicho cuerpo a la tierra. Acompañando al texto
10,20v hay incluida una tabla de paralajes en función de las distancias
cenitales y las distancias a la Tierra en semidiámetros de la
misma.

11,21r En el capítulo 11, Muñoz describe el modo de hallar el paralaje de los fenómenos circumpolares "sin presuponer los lugares verdaderos" de los mismos. La técnica consiste sencillamente

---

interpretación milagrosa de la "nova" sugiriendo que había sido formada de materia procedente de la Vía Lactea. Maestlin adoptó también una interpretación de la aparición de la "nova" como una nueva y milagrosa creación sobrenatural. Para Cornelius Gemma "Nec Stella, neque exhalatio dici possit, multo minus cometa" (*Stellae Peregrinae iam primum exortae et caelo constanter haerentis...*, editado por T. HAGECIUS, *op. cit.* [nota 58], pp. 137-145, p. 145), si bien en su *De Naturae Divinis Characterismis; seu Raris et admirandis spectaculis in Universo,* Antverpiae, Ch. Plantini, 1575, pp. 267-274, donde critica a Muñoz por llamarla cometa, habla de la "nova" como una estrella de creación sobrenatural: "Unde cometis longe diviniorem hanc Stellam asserimus novam, in caelo quidem existentem, et adventitiam, sed modo supranaturam" (p. 272). Como ya apuntó Pingré, considerando retrospectivamente las diversas versiones sobre el fenómeno, la que más se acercó a la verdad fue la de Bartolomaeus Reisacherus, quien adelantó la hipótesis de que la estrella no era "nueva", sino que existía ya, dejando abierta la cuestión de por qué antes no se veía y por qué súbitamente se hizo visible. Cf. ALEXANDRE-GUI PINGRÉ, *Cometographie ou traité historique et théorique des comètes,* vol. I, París, 1783, pp. 80-81. Sobre Reisacherus véase también más abajo, pp. 56 y ss. Sobre las ideas de Tycho Brahe acerca de la "nova" véase también DREYER, *op. cit.* (nota 51), p. 193, y LYNN THORNDIKE, *A History of Magic and Experimental Science,* vol. VI, 3.ª ed., New York, Columbia Univ. Press, 1959, p. 69, donde este autor se refiere asimismo a la opinión de Maestlin, y p. 74.

After this discussion on the nature of the "nova", Muñoz, in chapters nine through thirteen, explains the various procedures and techniques which permit one to estimate whether a body that appears in the sky does or does not possess perceptible parallax and the importance of this. Diligently applying these procedures to the phenomenon, the Valencian astronomer demonstrated unequivocably the celestial character of the body.

9,18r First Muñoz explains the method used by Ptolemy to evaluate the Moon's parallax, a method based on comparing its apparent place with that from the tables of its motion. Thus, ac-
9,18v cording to Ptolemy, for a zenithal distance of 50° 55', the Moon's parallax would amount to 1° 7'. With these data, that is to say, with the zenithal distance and the parallax of the Moon or of
10,19v any body, Muñoz explains how through simple trigonomic relations one can estimate the distance of said body to the earth.
10,20v Accompanying the text is a table of parallaxes as functions of the zenithal distances and the distances to the earth in semidiameters of the same.

11,21r In chapter eleven Muñoz describes the method of finding the parallax of circumpolar phenomena "without estimating the true places" of the same. The technique consists simply of comparing

---

*he also reconsidered the miraculous interpretation of the "nova," suggesting that it had been formed from matter originating in the Milky Way. Maestlin also considered the appearance of the "nova" as a new and miraculous supernatural creation. For Cornelius Gemma: "Nec Stella, neque exhalatio dici possit, multo minus cometa" (*Stellae Peregrinae iam primum exortae et caelo constanter haerentis..., *edited by* T. HAGECIUS, op. cit. *(note 58), pp. 137-145, especially p. 145); note that Gemma in his* De Naturae Divinis Characterismis; seu Raris et admirandis spectaculis in Universo, *Antverpiae, Ch. Plantini, 1575, pp. 267-274, where he criticizes Muñoz for calling it a comet, speaks of the "nova" as a star of supernatural creation: "Unde cometis longe diviniorem hanc Stellam asserimus novam, in caelo quidem existentem, et adventitiam, sed modo supranaturam" (p. 272). As Pingré has already noted, considering retrospectively the diverse descriptions of the phenomenon, that which came closest to the truth was that of Baltholomew Reisacher who advanced the hypothesis that the star was not "new" but that it had already been in existence, leaving open the question of why is was not visible before and why it suddenly became visible. Cf.* ALEXANDRE-GUI PINGRE, Cometographie ou traité historique et théorique des comètes, *vol. I, Paris, 1783, pp. 80-81. On Reisacher, see below, p. 57 ff. On the ideas of Tycho Brahe on the "nova," see also* DREYER, op. cit. *(note 51), p. 193, and* LYNN THORNDIKE, A History of Magic and Experimental Science, *vol. VI, 3rd ed., New York, Columbia University Press, 1959, p. 69, where this author also refers to Maestlin's opinion, and p. 74.*

en comparar la suma de las alturas meridianas con el doble de
la altura del polo; si ambas cantidades son iguales el astro care-
cerá de paralaje y en el caso contrario, la diferencia entre dichas
cantidades será precisamente la suma de los paralajes para las
dos alturas. Recurriendo a la tabla se puede saber qué cantidad
11,21v de paralaje hay que asignar a cada altura. Un método alterna-
tivo se basa en que, si el astro carece de paralaje, sus distancias
en las dos culminaciones a una estrella situada en el mismo
12,22r meridiano deberán ser idénticas. Aplicando estos métodos al
cálculo del paralaje del "cometa", obtiene Muñoz 67° 30' y 11°
30' como alturas meridianas, las cuales sumadas dan 79°, que
es exactamente el doble de la altura del polo en Valencia, por
lo que debe concluirse que dicho paralaje es insensible. Análoga
conclusión obtiene midiendo la distancia angular del "cometa"
a la estrella polar en las dos culminaciones del primero, resul-
tando dicha distancia invariablemente de 26° 40'.

13,23r Seguidamente expone Muñoz, en el capítulo 13, el modo de
calcular el paralaje para fenómenos no circumpolares. El pro-
cedimiento se basa en estimar la declinación aparente del "co-
meta" midiendo la distancia de éste a una estrella de declina-
ción conocida. Si el "cometa" carece de paralaje, restando de la
declinación aparente su altura deberemos obtener la altura de
la equinocial. Sin embargo, este método resulta confuso, ya que
presupone la medida de la altura del cometa, en la cual tam-
bién interviene el paralaje.

Los últimos capítulos del texto están dedicados a diversas
consideraciones cosmológico-astrológicas y a los pronósticos de-
15,25r rivados de la aparición del "cometa". Comienza Muñoz seña-
lando que "por evidentes demostraciones geométricas, se ha
probado este Cometa estar en el cielo, y como todos los filósofos
y astrólogos concorden que los Cometas son llamas, o fuegos,
hemos de conceder que en el cielo se hacen alteraciones y co-
rrupciones, aunque no tan a menudo como en el aire inferior,
porque el cielo es cuerpo más perfecto, y más puro, y las cosas
que en él se detienen son más ligeras, y las graves se quedaron
acá abajo en la formación del mundo..." Más adelante añade,
15,26r "muchas experiencias tengo, por las cuales he sido forzado,
cuanto a lo que toca a los Cometas y otras opiniones, allegarme
más a Demócrito y a Anaxágoras (que fue filósofo y grande
astrólogo) que a Aristóteles, el cual en sus obras no muestra
haber sabido astrología... Estos dos dijeron que los cometas

*the sum of the meridian elevations with the doubled elevation
of the pole; if the two quantities are equal the star will lack
parallax and in the contrary case the difference between the
quantities will be exactly the sum of the parallaxes for the two
elevations. Referring to the table one can see how much par-*
11,21v *allax to assign to each elevation. An alternative method is based
on the consideration that if a star lacks parallax, its distances
from the two culminations of a star situated on the same me-*
12,22r (See Anthology) *ridian must be identical. Applying these methods to the calcu-
lation of the parallax of the "comet" Muñoz obtained 67° 30'
and 11°.30' as meridian elevations, which added together give
79°, exactly double the elevation of the pole in Valencia: thus
one must conclude that its parallax is imperceptible. An anal-
ogous conclusion is obtained by measuring the angular distance
of the "comet" to the polar star in the two culminations of the
former, which invariably yields a distance of 26° 40'.*

13,23r *Subsequently, in chapter thirteen, Muñoz explains the meth-
od of calculating the parallax of non-circumpolar phenomena.
The procedure is based on estimating the apparent declination
of the "comet" by measuring its distance to a star of known
declination. If the "comet" lacks parallax, subtracting its eleva-
tion from its apparent declination we must obtain the equinoc-
tial elevation. However, this method is confusing, as it pre-
supposes the measurement of the elevation of the comet, a
measurement in which parallax also intervenes.*

*The last chapters of the book are devoted to various cosmo-
logical-astrological considerations and to the prognostications*
15,25r *deriving from the appearance of the "comet". Muñoz begins by
showing that "by obvious geometrical demonstrations, it has
been proven that this Comet is in the sky, and as all philosophers
and astrologers agree that Comets are flames, or fires, we must
concede that alterations and changes occur in the sky, although
not as often as in the lower atmosphere, because the sky is the
most perfect and purest body, and the things which remain
there are the lightest, and the heavy things remained here below*
15,26r *in the formation of the world..." Later he adds, "I have much
experience, due to which I am forced, in matters touching on
Comets and other opinions, to ally myself more with Democritus
and Anaxagoras (who was a philosopher and great astrologer)
than with Aristotle, who in his work does not demonstrate a
knowledge of astrology... The former two said that comets are*

se hacen en el cielo, y que son retratos de los planetas ayuntados en el cielo, y que se hacen siempre que de cerca se vienen
15,26r ellos a tocar". Muñoz se muestra firmemente convencido de la validez de las doctrinas astrológicas y de las predicciones con ellas asociadas, fundamentando la semejanza de naturaleza entre los cuerpos celestes y el mundo sublunar en las influencias que ejercen los primeros sobre el segundo. La obra termina con el
Prognostico, 29r "pronóstico de este nuevo cometa" y con un apéndice relativo al cometa de 1556 y a las consecuencias del mismo que vendrían a confirmar las predicciones astrológicas.

V

LA CARTA DE MUÑOZ A REISACHERUS

BARTOLOMAEUS Reisacherus, médico del Hospital Imperial y profesor de matemáticas de la Universidad de Viena, fue uno de los autores que escribieron sobre la supernova de 1572.[64] El tratado sobre el tema, publicado en Viena en 1573 en latín y quizá en alemán,[65] incluye una discusión sobre la naturaleza del fenómeno, su paralaje o ausencia del mismo, posición aproximada, interpretación de su significado astrológico y una carta de Thaddaeus Hagecius[66] en la que este autor calcula, utilizando las observaciones de Reisacherus y las suyas propias, las coordenadas ecuatoriales y eclípticas de la "nova".

Reisacherus, en la obra mencionada, comienza discutiendo las diversas opiniones y posibles explicaciones del fenómeno.

---

[64] *De Mirabili Novae ac splendididis: Stellae, Mense Novembri anni 1572 primum conspectae ac etiam nunc apparentis, Phoenomeno. Iudicium, et Prognosticon Scriptum, ...,* Viennae, Casparis Stainhoferi, 1573.

[65] Según E. WELLER, Cometen-Literatur (1572-7), *Anzeiger für Kunde der deutschen Vorzeit,* Nuevas Series, v. 4 (1857), columnas 321-4, 359-362, columna 322, citado por DORIS HELLMAN, *The Comet of 1577,* p. 115, nota 272.

[66] *De investigatione loci Novae Stellae in Zodiaco Secundum longitudinem, ex unica ipsius meridianam altitudine, et observationis tempore, Geometrica deductio Thaddae ab Hayck Aulae Caes. Maie. Medici, ad Bartholomaeum Reisacherum.*

made in the sky, that they are images of the planets assembled in the sky, and that they are made whenever they come close to touching them."

15,26r *Muñoz shows himself to be firmly convinced of the validity of astrological doctrines and the predictions associated with them, attributing the similarity of nature between celestial bodies and the sublunar world to the influence exerted by the* Prognostication, 29r (See Anthology) *former over the latter. The work closes with the "prognostication of this new comet" and with an appendix relating to the comet of 1556 and to consequences of the same which had proved to confirm astrological predictions.*

V

MUÑOZ' LETTER TO REISACHER

BARTHOLOMEW *Reisacher, physician at the Imperial Hospital and professor of mathematics at the University of Vienna, was one of the authors who wrote about the supernova of 1572.*[64] *His treatise on the subject, published in Vienna in 1573 in Latin and possibly in German,*[65] *included a discussion on the nature of the phenomenon, its parallax or absence of the same, its approximate position, an interpretation of its astrological significance and a letter by Thaddeus Hagecius*[66] *in which the author calculates, using his own observations and those of Reisacher, the equatorial coordinates and ecliptics of the "nova".*

Reisacher, in the work cited, begins by discussing the diverse opinions on, and possible explanations of, the phenomenon. He

---

[64] De Mirabili Novae ac splendididis: Stellae, Mense Novembri anni 1572 primum conspectae ac etiam nunc apparentis, Phoenomeno. Iudicium, et Prognosticon Scriptum..., *Viennae, Casparis Stainhoferi, 1573.*

[65] *According to* E. WELLER, *Cometen-Literatur (1572-7),* Anzeiger für Kunde der deutschen Vorzeit, *New Series, vol. 4 (1857), columns 321-324, 359-362; column 322, cited by* DORIS HELLMAN, The Comet of 1577, *p. 115, n. 272.*

[66] De investigatione loci Novae Stellae in Zodiaco Secundum longitudinem, ex unica ipsius meridianam altitudine, et observationis tempore, Geometrica deductio Thaddae ab Hayck Aulae Caes. Maie. Medici, ad Bartholomaeum Reisacherum.

Discute y rechaza la posibilidad de que se trate de un fenómeno sublunar, mostrando que carece de paralaje. Para ello, compara las distancias de la "nova" a la estrella 2 de Casiopea en la culminación superior e inferior (ambas estrellas, la "nova" y la 2 Casiopea estaban situadas aproximadamente en el mismo meridiano) y, de la identidad observada entre ambas distancias, infiere la ausencia de paralaje sensible de la "nova". Idéntico resultado negativo para el paralaje obtiene comparando las alturas meridianas del fenómeno con la altura del polo. Concluye que se trata, sin duda, de un fenómeno celeste y lo sitúa entre las estrellas fijas; afirma que puede tratarse de una estrella nueva, lo que no repugna al filósofo cristiano, según su parecer, pero finalmente se inclina por la idea de que la estrella existía ya, formando parte de la Vía Lactea, si bien no se veía porque la ocultaban diversas exhalaciones u otros impedimentos desconocidos, desaparecidos los cuales pudo aparecer ante sus ojos. Lo cual, dice, lo plantea no como un teorema, sino como una cuestión a debatir y en su caso a refutar por los sabios. Conviene también en que al fenómeno se le puede llamar cometa, quizá abusando de este término. Más adelante expone sus observaciones sobre la "nova", comparando su posición con la estrella 11 de Casiopea que estaba muy cerca de aquélla. Dice haber estimado la altura meridiana mínima de la "nova" en 20° y 5' ó 10'. Da las coordenadas de la 11 Casiopea: 6° 10' del signo Tauro de longitud, según las *Tablas Prutenicas;* 52° 40' de latitud según Ptolomeo y "otros", y 60° 40' de declinación; la altura meridiana mínima observada 19° 2' y altura del polo en Viena 48° 22', según Peurbach y Regiomontano. Restando las alturas meridianas de la "nova" y la 11 Casiopea, resulta una diferencia de alturas de 1° 8'. Añade que la distancia observada entre ambas estrellas era de 1° 25'. Incluye una figura en la que aparece dibujada la "nova" en relación a 2, 4, 12 y 11 Casiopea.

Hagecius, en la carta a Reisacherus que figura como apéndice al texto de éste, expone el cálculo de las coordenadas de la "nova", obteniendo como coordenadas ecuatoriales, 61° 38' de declinación y 0° de ascensión recta, y como coordenadas eclípticas, 6° 24' de Tauro de longitud y 53° 49' de latitud.

discusses and rejects the possibility that it might be a sublunar phenomenon, pointing out that it lacks parallax. To demonstrate this, he compares the distances from the "nova" to the second star of Cassiopeia at the upper and lower culminations (both stars — the "nova" and 2 Cassiopeia — were situated approximately on the same meridian) and, from the similarity observed between the two distances, infers the absence of perceptible parallax of the "nova." He obtains the same negative results for parallax comparing the meridian elevations of the phenomenon with the elevation of the pole. He concludes that the object is, without doubt, a celestial phenomenon and that it is situated among the fixed stars. He asserts that it might be a new star, an idea not in conflict with Christian philosophy, in his opinion, but finally he inclines towards the idea that the star had already existed, forming part of the Milky Way, although it had not been visible because it had been hidden by various exhalations or other unknown obstructions, whose disappearance made its observation possible.

This idea was not presented by Reisacher as a theorem, but as a question open to debate and possible refutation by scholars. He agrees also that the phenomenon might be a comet, perhaps misusing this term. Later he explains his observations of the "nova," comparing its position with 11 Cassiopeia, which was very close to it. He says he had estimated the minimum meridian elevation of the nova at 20° 5' or 20° 10'. He gives the coordinates of the eleventh star of Cassiopeia: 6° 10' longitude from Taurus, according to the Tables Prutenic, 52° 40' latitude according to Ptolemy and "others," and a declination of 60° 40'; the minimum meridian elevation observed was 19° 2' and the elevation of the pole in Vienna was 48° 22', according to Peurbach and Regiomontanus. Subtracting the meridian elevation of 11 Cassiopeia from that of the "nova," he found a difference of 1° 8' in elevation. He adds that the distance observed between the two stars was 1° 25'. He includes a drawing showing the "nova" in relation to 2, 4, 12 and 11 Casiopeia.

Hagecius, in the letter to Reisacher which appears as an appendix to this text, explains the calculation of the coordinates of the "nova," obtaining as equatorial coordinates 61° 38' declination and 0° right ascension, and as ecliptic coordinates, 6° 24' longitude from Taurus and 53° 49' latitude.

La carta de Muñoz a Reisacherus está fundamentalmente dedicada a comentar y discutir los datos y cálculos publicados por el matemático vienés, en la obra que hemos descrito, y, remitidos —según indica el propio Muñoz— al valenciano para que dictaminara sobre los mismos. Comienza indicándole que le envía el "librito", sin duda el *Libro del nuevo Cometa,* corregido de algunos errores tipográficos originados de la premura con que tuvo que componerse el texto, premura a su vez procedente de lo que califica de una "inoportuna petición" (del rey, como aclara al final de la carta). Muñoz, tras señalar algunas discrepancias con las observaciones de Reisacherus, rehace los cálculos de Hagecius y obtiene resultados bastante próximos: 6° 27' de Tauro para la longitud y 53° 48' de latitud. La crítica fundamental la dirige hacia la estimación de la ascensión recta que dice ser errónea, siendo según Muñoz y a partir de los datos proporcionados por Reisacherus de 1° 1' y no de 0°, por lo que el triángulo esférico utilizado por Hagecius es inadecuado, así como las fórmulas, ya que el ángulo formado por el coluro de los solsticios (CAGK) y el meridiano en el que culminaba el "cometa" (ABHF) no es recto.

La última parte de la carta es particularmente interesante, como testimonio de las condiciones cada vez más restrictivas para la práctica científica libre e independiente en la España de la Contrarreforma, así como de las reacciones negativas que suscitaron las duras críticas de Muñoz a la cosmología aristotélica. También nos da algunos datos sobre las reservas del astrónomo valenciano en torno a la publicación de sus obras: "es de imprudentes, más aún, de pródigos querer editar en España algo de matemáticas, pues los gastos de impresión son inmensos y los libros no se venden." Muñoz se queja asimismo del escaso apoyo con que contaban los científicos dedicados a hacer avanzar el conocimiento, apoyo sólo concedido a las artes cuestuarias o mercantiles (*artibus quaestuariis*). Ante esta situación Jerónimo Muñoz prefirió seguir la máxima de Horacio, ser más prudente en lo sucesivo en la exposición de sus trabajos y especulaciones y "ocultar lo experimentado" pues "ni las alegrías son sólo para los ricos, ni vivió mal quien en vida y en muerte pasó inadvertido".

Muñoz' letter to Reisacher is basically devoted to commenting on and discussing the data and calculations published by the Viennese mathematician in the work we have described, and which were sent — according to Muñoz himself — to the Valencian for his opinions. He begins by saying that he had sent the "little book," no doubt the Libro del nuevo Cometa, *corrected of some typographical errors which were due to the haste with which he had had to compose the text, a haste arising from what he called an "inopportune petition" (from the king, as he makes clear at the end of the letter). Muñoz, after pointing out some discrepancies with Reisacher's observations, repeats Hagecius' calculations and obtains rather similar results: 6° 27' longitude from Taurus and 53° 48' latitude. He directs his fundamental criticism at the estimate of the right ascension which he says is erroneous; it should be — according to Muñoz and from the data furnished by Reisacher — 1° 1' and not 0°. Consequently the spherical triangle utilized by Hagecius is inadequate, and also the formulas, since the angle formed by the colure of the solstices (CAGK) and the meridian on which the "comet" culminated (ABHF) is not a right angle.*

The last part of the letter is particularly interesting, both as a testimony to the ever more restrictive conditions on the free and independent practice of science in Counter-reformist Spain, and to the negative reactions provoked by Muñoz' harsh critique of Aristotelian cosmology. There are also some comments about the Valencian astronomer's reservations concerning the publication of his works: "only the imprudent, or rather, the prodigal, would want to publish anything on mathematics in Spain, because the printing costs are enormous and the books do not sell." Muñoz also complains of the meager aid available to scientists dedicated to the advancement of knowledge; aid was only granted to financial or mercantile arts (artibus quaestuariis). *Faced with this situation Jerónimo Muñoz preferred to follow the maxim of Horatius, to be more prudent in the future in the exposition of his works and speculations and "to hide experience" since "happiness is not only for the rich, nor does he live badly who in life and in death passes unnoticed."*

VI

LA DIFUSIÓN DE LOS TRABAJOS DE MUÑOZ SOBRE LA "NOVA" DE 1572 Y LA VALORACIÓN DE LOS MISMOS POR SUS CONTEMPORÁNEOS

El *Libro del nuevo Cometa* fue traducido al francés por Guy le Fevre de la Boderie, quien editó su versión de la obra en París en 1574,[67] añadiendo un largo poema "sur la dicte Estoille ou apparence lumineuse". A través de los versos de este curioso poema podemos advertir el efecto producido por las observaciones y por la interpretación dada por Muñoz del fenómeno:

"Il est certain et clair comme un Soleil
Par instruments, par la preuve de l'œil,
Et par la Loy de diverse-Apparence
Qu'il est plus haut que le Circonference
Du ciel Lunaire: et toutes fois on dit
(Ou Aristote a perdu son credit)
Que rien ny croist, ny change ou diminue
D'autant que là le quinte essence est nue.
Et d'ou vient donc se feu prodigieux
Qui s'est monstré si grand et radieux,
Qui ne meut point, ains tout stable demeure..."

Por otra parte, varios de entre los mejores observadores del fenómeno conocieron los trabajos de Muñoz y compararon los datos aportados por el autor valenciano con los suyos propios. Thaddeus Hagecius, en la *Dialexis*, incluyó un fragmento de la carta de Muñoz a Reisacherus.[68] Además, en varios pasajes de dicha obra se refiere a las observaciones del astrónomo valenciano. En el capítulo primero, Hagecius describe, como Muñoz, la posición de la "nova" formando un rombo con las principales estrellas de la constelación Casiopea (α, β y γ o 2, 12 y 4 en la

---

[67] *Traicte du Nouveau Comete, et du lieu ou ils se font, et comme il se verra par les Parallaxes combien ils sont loing de la terre, et du Pronostic d'iceluy*, Paris, Martin le Jeune, 1574.
[68] *Dialexis...*, p. 11.

VI

THE DIFFUSION OF MUÑOZ' WORK ON THE "NOVA" OF 1572 AND ITS EVALUATION BY HIS CONTEMPORARIES

THE Book of the New Comet *was translated into French by Guy le Fevre de la Boderie, who published his version of the work in Paris in 1574,*[67] *adding a long poem "sur la dicte Estoille ou apparence lumineuse." Through the verses of this curious poem we are made aware of the effect produced by the observations and the interpretation given by Muñoz of the phenomenon.*

It is as certain and clear as a sun
By instruments, by the eye's proof
And by the law of diverse appearance
That it is higher than the Circumference
Of the Lunar sky: and always it is said
(or Aristotle has lost his credibility)
That nothing grows, or changes, or lessens
Just as there the fifth essence is bared
And so from there comes its prodigious fire
Which shows itself so great and radiant
Which never changes, but always remains stable.

Elsewhere, many of the best observers of the phenomenon knew the work of Muñoz and compared the data collected by the Valencian author with their own. Thaddeus Hagecius, in the Dialexis, *included a passage from Muñoz' letter to Reisacher.*[68] *In addition, he refers to the Valencian astronomer's observations in several passages of the work. In the first chapter, Hagecius describes, as Muñoz did, the position of the "nova" forming a rhombus with the principal stars of the constellation Cassiopeia (α, β and γ, or 2,12 and 4 in the nomenclature of the epoch)*

[67] Traicte du Nouveau Cometa, et du lieu ou ils se font, et comme il se verra par les Parallaxes combien ils sont loing de la terre, et du Pronostic d'iceluy, *Paris, Martin le Jeune, 1574.*
[68] Dialexis . . . , *p. 11.*

TRAICTE' DV NOVVEAV COMETE, ET DV LIEV OV ILS SE FONT, ET COMME IL SE verra par les Parallaxes combien ils sont loing de la terre, & du Pronostic d'iceluy.

Composé premierement en Espagnol, par M. Hieronyme Mugnoz, Professeur ordinaire de la langue Hebraïque & des Mathematiques, en l'vniuersité de Valence.

Et depuis traduict en Françoys par Guy le Féure de la Boderie.

Plus, vn Cantique sur ladicte Estoille ou Apparence lumineuse.

A PARIS,

Chez Martin le Ieune, rue sainct Iean de Latran, à l'enseigne du Serpent.

M. D. LXXIIII.

AVEC PRIVILEGE.

Portada de la edición francesa del *Libro del nuevo cometa*

Frontispiece of the French edition of the Libro del nuevo Cometa

EX EPISTOLA HIERONYMI MunnoZij Valentiani, Hebrææ linguæ & Mathematum in Academia Valentiana professoris publici, ad Bartholomæum Reisacherum.

EXISTIMO D. Thaddæum ab Hayck decreuisse in lucem edere aliam exactiorem, & copiosiorem commentationem de Stella. Obsecro itaque te, vt illum meo nomine salutes, exhorterísque vt ab incœpto non desistat, memor illius sententiæ Solomonis: Tu quodcunque potes facere, instanter operare: quia tempus & occasio deest descendentibus ad inferos. Ingenium enim & acrimonia (velut ex vnguibus Leo) mihi nota est. Nec minus obsecro, vt incœptum de parallaxibus opus absoluat. Hoc enim videtur ab antiquis Mathematicis aliqua ex parte tractatum: sed ad Colophonem, quod dici solet, non est perductum.

B 2

Fragmento de la carta de Muñoz a Reisacherus incluido por Thaddaeus Hagecius en la *Dialexis*

Fragment of Muñoz' letter to Reisacher included by Thaddaeus Hagecius in the Dialexis nomenclatura de la época) y compara los resultados obtenidos por el valenciano para los lados y diagonales del rombo con los suyos propios.[69]

DISTANCIAS

Estrellas	*Muñoz*	*Hagecius*	*Diferencia*
"Nova" a γ Cas.	5° 10'	5° 15'	— 5'
" a α Cas.	7° 50'	7° 47'	+ 3'
" a β Cas.	5° 20'	4° 51'	+ 29'
α Cas. a γ Cas.	5° 0'	4° 36'	+ 24'
α Cas. a β Cas.	4° 55'	4° 55'	0'
γ Cas. a β Cas.	6° 15'	6° 11'	+ 4'
"Nova" a "Cynosura" (polar)	26° 40'	25° 30'	+ 10'

En los capítulos 6 a 10, Hagecius expone los procedimientos para determinar el paralaje o la ausencia del mismo de los astros circumpolares y de los que se ocultan por el horizonte. Los métodos descritos por Hagecius en estos capítulos, así como la estructura de la exposición, son totalmente análogos al desarrollo de Muñoz de estos temas en el *Libro del nuevo cometa* (capítulos 10-14).

En la misma *Dialexis,* Hagecius editó una carta a él dirigida de Cornelius Gemma, en la que este autor alude a la obra de Muñoz y a su interpretación del fenómeno. Dice Gemma que Muñoz ha demostrado de modo muy eficaz que la "nova" carece de paralaje; asimismo añade que el astrónomo valenciano, inspirándose en Demócrito, ha calificado al fenómeno de cometa, engendrado en el cielo, que es susceptible de cambios.[70]

---

69 Como ya indicamos anteriormente (véase arriba, p. 42, nota 58), Hagecius modificó posteriormente algunos de estos resultados. Los datos corregidos de Hagecius son: distancia "nova" a γ Cas 5° 3'; γ Cas a α Cas 4° 42'; α Cas a β Cas 4° 57'. Véase TYCHO BRAHE, *op. cit.*, parte 1.ª, p. 316.

70 Cornelius Gemma Medicinae Professor Apud Lovanienses, Thaddae Hagecio ab Haych, Aulae Caesareae Maiestat. Medico, S.D., en *Dialexis,* pp. 169-174. Gemma le informa a Hagecius acerca de su libro *De Naturae Divinis Characterismis...;* la referencia a Muñoz en p. 173: "Venit in manus meas libellus Hispanicus quem et Hispanus commodato dedit. Author est Hieronymus Munnoz, qui certe et docte et copiose admodum de eodem prodigio scripsit... Idem porro demonstratione efficacissima docet hic syderis novo nullam fuisse penitus parallaxim: sed semper immotum permansisse in coelesti regione ac supra Solem. Et tamen (quod maxime mirum est) Cometam facit, statuens ex opinione Democriti, huius generatione perpetuo fieri in orbe coelesti ideoque et coelum ipsum mutabile..."

and compares the results obtained by the Valencian for the sides and diagonals of the rhombus with his own.[69]

DISTANCES

Stars	Muñoz	Hagecius	Difference
"Nova" to γ Cas.	*5° 10'*	*5° 15'*	*— 5'*
" to α Cas.	*7° 50'*	*7° 47'*	*+ 3'*
" to β Cas.	*5° 20'*	*4° 51'*	*+ 29'*
α to γ Cas.	*5° 0'*	*4° 36'*	*+ 24'*
α to β Cas.	*4° 55'*	*4° 55'*	*0'*
γ to β Cas.	*6° 15'*	*6° 11*	*+ 4'*
"Nova" to "Cynosura" (polar)	*26° 40'*	*25° 30'*	*+ 10'*

In chapters six to ten, Hagecius explains the procedures for determining the parallax or its absence of circumpolar stars and of those hidden by the horizon. The methods described by Hagecius in these chapters as well as the structure of the exposition are totally analogous to Muñoz' development of these themes in the Libro del nuevo Cometa *(chapters 10-14).*

In the same Dialexis, *Hagecius published a letter sent to him by Cornelius Gemma, in which the author alludes to Muñoz' work and to his interpretation of the phenomenon. Gemma says that Muñoz demonstrated in a very effective way that the "nova" lacked parallax; also he adds that the Valencian astronomer, inspired by Democritus, had described the phenomenon as a comet engendered in the sky, which is susceptible to changes.*[70]

69 *As we indicated before (see above, p. 43, note 58), Hagecius later modified some of these results. The corrected data of Hagecius are: distance of "nova" from γ Cas 5° 3'; γ Cas to α Cas 4° 42'; α Cas to β Cas 4° 57'. See* Tycho Brahe, op. cit., *part 1, p. 316.*

70 *Cornelius Gemma Medicinae Professor Apud Lovanienses, Thaddae Hagecio ab Haych, Aulae Caesareae Maiestat. Medico, S.D., in* Dialexis, *pp. 169-174. Gemma informs Hagecius about his book* De Naturae Divinis Characterismis . . .; *the reference to Muñoz appears on p. 173: "Venit in manus meas libellus Hispanicus quem et Hispanus commodato dedit. Author est Hieronymus Munnoz, qui certe et docte et copiose admodum de eodem prodigio scripsit . . . Idem porro demonstratione efficacissima docet hic syderis novo nullam fuisse penitus parallaxim: sed semper immotum permansisse in coelesti regione ac supra Solem. Et tamen (quod maxime mirum est) Cometam facit, statuens ex opinione Democriti, huius generatione perpetuo fieri in orbe coelesti ideoque et coelum ipsum mutabile . . ."*

Nouus author Hiſpanus de ſydere nouo, eiuſq; obſeruati examen.

Authot eſt Hieronymus Munnos, profeſſor Hebraicæ ac mathematicæ literaturæ in Valencia. Ait ſe certò cognoſcere, quòd ſecundo die Nouembris 1572. hæc ſtella nondum apparuerit, potiſsimum ex relatu paſtorum; quodque ipſe tum fortè ſuis diſcipulis oſtendens ſtellarum ſedes & nomina, non animaduerterit. Nos tamen contrà ab aliis obſeruatum diximus, qui & ante finem Octobris ſe vidiſſe teſtātur; neque verò prius ob altitudinem ſolis adeò notari potuit vel à peritioribus, qui cum vndecima ſtella Caſsiopę huic nouæ proxuma tū facilè nouā confundere potuiſſent: nec veroſimile, quod ea proportione creuit atque decreuit, habuiſſe tam momentaneum tempus exortus ſui, etiamſi comētam facere velint, multo minus ſi ex cæleſtis luminis congeſtione prognatam.

Tempus.

Diſtantiarum ratio.

Diſtantiam à ſede facit 5.g.20.m̄.quam Hageſius 5.g.15.m̄.nos 5.g.4.m̄.

Diſtantiam nouæ à clara in lūbis facit 5. g. 10.m̄. Hageſius 4.g.51.nos 4.36.

Diſtantiam nouæ à Caſsiopæ humero vel pectore, id eſt diametrum Rhombi, 7.g. 50. m̄. Hageſius 7.g.47.m̄.nos 7.g.24.m̄.

Maxima altitudo ad Horizontem Valēciæ ab ipſo deprehenſa 67.g.30.m̄.

Minor altitudo 11.g. 30.m̄.

Declinatio ab æquatore 62.g. verſùs Boream:

Cælum dicit mediare cū 1.g.♈.41.m̄ latit. ſept. apparentem facit 53.g.36.m̄.

Longit. ponit in 7. g. 48. m̄. ♉: in qua ſemper manſiſſe inuariata nimirum ad reliquas ſtellas ſixas diſtantia conteſtatur.

Vt me-

Páginas de la obra de Cornelius Gemma, *De naturae divinis characterismis...* relativas al *Libro del nuevo Cometa* de Jerónimo Muñoz

Pages from the work of Cornelius Gemma De naturae divinis characterismis... *referring to* Libro del nuevo Cometa *by Jerónimo Muñoz*

Vt meritò ſit dolendum de infelicitate humana, quæ ne per ſenſus quidem induſtriã exactè ſcrupula prima, nedum ſecunda aut tertia comprehendit. Vt circa conos, vel inter ſe coeuntes meridianorum lineas, error leuiculus magnam quandoque in longitudine ſyderum numeranda differentiam præſtet: quod iſtic euenisse non dubium eſt. Sed aſtra polis proxima, ſi locum in zodiaco, vero proximum nobis definiant, abundè ſit ſatis: nec ideo de cæterarum exactis longitudinibus deſperãdum eſt: cùm neque coſmographi laborent tantopere: vt in terreſtrium locorum longit. ad ſcrupula prima conueniant. Saltem in cæteris velut diſtantiis fixorum ſyd. immobilitate ſyderis noui, & parallaxeos obſeruatione, quã nullam eſſe voluimus, omnia congruunt ad amuſſim: paucis tantùm minutis diſcrepantibus circa diſtantiam. Aduerti ſedulò, quòd hoc diſcrimen in dimetiendis ſtellarum interſtitiis per radium Aſtron. quandoque ex parua occaſione naſcatur, vt oculorũ firmitudine, vel etiam ipſius manus, applicatione inſtrumenti non admodum accurata: ſed tunc maximè, quando radius vel paulo longior, breuior, obliquior, vel oſſis iugalis circa oculũ poſitio iuſto ſublimior aut depreſſior. Quod mihi & patri vſuuenit vel maximè, quibus ita ſublime eſt vt ſemper hactenus obſeruationem cum aliis conferentes, ad exactam rationem aliquot minuta (vt 5. aut 6.) adiicere debuerimus. quanto enim hoc os eleuatius circa interiorem angulum oculorum, tanto diſtantia maior ipſius oculi à tranſuerſario, tantoque & minor apparet intercapedo rerum quas metiri velis.

Circa obſeruationũ ſcrupula quã facilis lapſus.

In quo cõueniant plures.

Aberrandi per ſenſus occaſio quàm diuerſa circa minuta.

Porrò accuratiſſima ratione, & crebrò repetitis obſer-

El propio Cornelius Gemma publicó un folleto sobre la "nova" que fue reeditado varias veces entre 1573 y 1574 con ligeras variantes de título y texto.[71] Una de estas ediciones es una versión abreviada del trabajo de Gemma a la que hay añadido un "juicio" del místico Guillaume Postel; Postel se remite a las observaciones de Muñoz y Gemma y dice que no tiene nada que añadir a los datos de estos autores concernientes a la posición de la estrella.[72] En una obra posterior, *De naturae divinis characterismis...*, Cornelius Gemma se refiere con cierto detalle al *Libro del nuevo Cometa* del astrónomo valenciano,[73] del que dice le proporcionó una copia el filósofo Andreas Posa por sugerencia de Gabriel Terrades.[74] Gemma compara sus observaciones con las de Muñoz y discute la opinión de éste de que el fenómeno era un "cometa", aunque de especie distinta a las descritas por los diversos autores sobre el tema. Para Cornelius Gemma se trataba de una estrella nueva, de creación sobrenatural.[75]

Tycho Brahe, en su obra *Astronomiae Instauratae Progymnasmata* se refiere también en varios pasajes a los trabajos de Muñoz sobre la "nova". En primer lugar, para demostrar que la nueva estrella carece de paralaje, Tycho, entre otras consideraciones y técnicas, compara las observaciones realizadas en diferentes países, cuya concordancia apoya la mencionada hipótesis. En este sentido, los datos de Muñoz le resultan particularmente útiles, ya que, dada la considerable distancia entre Valencia y el observatorio de Tycho Brahe, las pequeñas discrepancias entre los resultados de Muñoz y los suyos propios, hubieran sido mucho mayores de tener el fenómeno un paralaje apreciable.[76] En segundo lugar, en el capítulo dedicado por

---

71 Una lista de obras de Cornelius Gemma en FERNAND GRATIEN VAN ORTROY, *Bio-bibliographie de Gemma Frisius...* (Brussels, Lamartin, 1920) (Acad. royale des sciences, des lettres et des beaux arts, Brussels. Mém. Collection in 8°. Series 2, v. II, pt. 2). Parte de esta lista la reproduce C. DORIS HELLMAN en *The Comet of 1577...*, pp. 179-180, nota 142. Sobre los escritos de Gemma acerca de la "nova", véase también DORIS HELLMAN, The Gradual Abandonment..., p. 286, nota 5. En la *Dialexis* de Hagecius, pp. 137-145, este autor incluyó una edición del trabajo de Gemma sobre la "nova".

72 Cf. DORIS HELLMAN, The Gradual abandonment..., p. 286, nota 5, y The Role of Measurement..., p. 47.

73 CORNELIUS GEMMA, *De Naturae Divinis...*, pp. 267-274.

74 *Ibid.*, p. 267.

75 Véase la nota 63.

76 Véase TYCHO BRAHE, *op. cit.* (n. 58), parte 1.ª, p. 290.

Cornelius Gemma himself published a pamphlet on the "nova" which was reprinted several times between 1573 and 1574 with minor variations of title and text.[71] *One of these editions is an abbreviated version of Gemma's work to which is added an "opinion" by the mystic Guillaume Postel; Postel refers to the observations of Muñoz and Gemma and says that there is nothing to add to their data concerning the position of the star.*[72] *In a later work,* De naturae divinis characterismis ..., *Cornelius Gemma refers in some detail to* Libro del nuevo Cometa *by the Valencian astronomer,*[73] *which he says was supplied to him by the philosopher Andreas Posa at the suggestion of Gabriel Terrades.*[74] *Gemma compares his observations with those of Muñoz and discusses the latter's opinion that the phenomenon was a "comet," although of a different species from those described by other authors on the subject. For Cornelius Gemma, the phenomenon was a new star, of supernatural creation.*[75]

Tycho Brahe, in his work Astronomiae Instauratae Progymnasmata *also refers in several passages to the works of Muñoz on the "nova." In the first place, to demonstrate that the new star lacks parallax, Tycho, among other considerations and techniques, compares the observations realized in different countries, whose agreement supports the above-mentioned hypothesis. On this point, Muñoz' data are particularly useful, as, given the considerable distance between Valencia and Tycho Brahe's observatory, the small discrepancies between Muñoz' results and those of Tycho would have been much larger had the phenomenon had any appreciable parallax.*[76] *In the second place, in Tycho's chapter on the work of authors who situated the "nova"*

---

71 *See the list of Cornelius Gemma's works in* FERNAND GRATIEN VAN ORTOY, Bio-bibliographie de Gemma Frisius ... *(Brussels, Lamartin, 1920) (Acad. Royale des Sciences, des Lettres et des Beaux Arts, Brussels. Mém. Collection in 8.° Series 2, v. II, pt. 2). Part of this list is reproduced by* C. DORIS HELLMAN, The Comet of 1577 ..., *pp. 179-180, n. 142. On the writings of Gemma on the "nova," see also* HELLMAN, *"The Gradual Abandonment...", p. 286, n. 5. In the* Dialexis *of Hagecius, pp. 137-145, this author includes an edition of Gemma's work on the "nova."*

72 *Cf.* DORIS HELLMAN, *"The Gradual Abandonment," p. 286, n. 5, and "The Role of Measurement...," p. 47.*

73 CORNELIUS GEMMA, De Naturae Divinis ..., *pp. 267-274.*

74 Ibid., *p. 267.*

75 *See n. 63, above.*

76 *See* TYCHO BRAHE, op. cit. *(note 58), part 1, p. 290.*

Tycho Brahe a comentar las obras de los autores que situaron a la "nova" entre las estrellas fijas, dedica un largo apartado a comentar los trabajos de Muñoz.[77] La información de dichos trabajos la obtuvo el astrónomo danés de la obra de Cornelius Gemma,[78] *De naturae...*, y de una carta de Muñoz a Hagecius, de la que este autor le proporcionó una copia en Ratisbona.[79]

Tycho Brahe compara las distancias obtenidas por Muñoz, entre la nova y α, β y γ Casiopea, con las halladas por él y señala que sólo en un caso la discrepancia es apreciable, por lo que considera que son bastante exactas las observaciones del autor valenciano.

En lo que se refiere a las alturas meridianas de la "nova", establecidas por Muñoz en 67° 30' y 13° 30', lo que da una declinación boreal de 62°, dice Tycho que dicho autor debió de emplear un cuadrante demasiado tosco, con precisión de sólo medio grado, por lo que no se asombra que exagere la declinación en la quinta parte de un grado.

Añade Tycho que Muñoz, para los lugares de las estrellas, no ha usado ni las *Tablas Alfonsinas* ni las *Copernicanas,* sino un criterio propio, como lo confirma el propio Muñoz en carta a Hagecius, una copia de la cual le dio éste en Ratisbona. Seguidamente reproduce un fragmento de dicha carta en el que Muñoz señala que, acerca de los lugares de los planetas y estrellas, en todos los autores se encuentran errores manifiestos para las longitudes: Copérnico, en algunos casos, está más cerca de la verdad que Alfonso, pero se equivoca en la precesión de los equinoccios en 27 min. como mínimo, ya que la estrella precedente en los cuernos de Aries, según él, al final de 1574 estaría en 27° 50' de Aries, cuando en realidad está en 28° 17' de Aries. "Experire, et nulli credas". Según Tycho, Muñoz atribuye excesivo error a Copérnico, y para la estrella mencionada da como longitud 27° 15', por lo que considera que el valenciano se ha equivocado en más de 1°.

---

77 *Ibid.*, pp. 346-349.

78 Según nos informa el propio Tycho, quien reproduce varios pasajes del texto de Gemma en la obra citada en la nota anterior.

79 Cf. TYCHO BRAHE, *op. cit.* (nota 58), parte 1.ª, p. 347. Sobre la estancia de Tycho en Ratisbona véase DREYER, *op. cit.* (nota 51), pp. 82-83, y DORIS HELLMAN, *The Comet of 1577...*, p. 191, quien menciona la copia de la carta de Muñoz que Hagecius le dio a Tycho.

among the fixed stars, he dedicates a long section to a discussion of Muñoz's works.[77] *He obtained information on these works from Cornelius Gemma's* De Naturae ...[78] *and from a letter by Muñoz to Hagecius, supplied to him by Hagecius in Ratisbone.*[79]

Tycho Brahe compares the distances obtained by Muñoz between the nova and α, β *and* γ *Cassiopeia with those he found and points out that only in one case is the discrepancy appreciable; thus he considers the observations of the Valencian astronomer quite precise.*

In reference to the meridian elevations of the "nova," established by Muñoz as 67° 30' and 13° 30', which gives a northern declination of 62°, Tycho says Muñoz must have used a too-crude quadrant with only mediocre precision, for which reason he is not surprised that he exaggerated the declination by a fifth of a degree.

Tycho adds that Muñoz, for the locations of the stars, used neither the Alphonsine Tables *nor the* Copernicanas, *but rather his own criteria, as Muñoz himself confirms in a letter to Hagecius, a copy of which the latter gave Tycho in Ratisbone. Following this he reproduces a fragment of this letter in which Muñoz points out that with respect to the locations of the planets and stars, one encounters errors in longitude in all the authors: Copernicus, in some cases, is closer to the truth than Alfonso, but he errs in the precession of the equinoxes by 27 min. minimum, since the star rising on the horns of Aries, according to him, at the end of 1574 would be 27° 50' from Aries, when in reality it is 28° 17' from Aries. "Experire, et nulli credas." According to Tycho, Muñoz attributes excessive error to Copernicus, and for the star mentioned gives as longitude 27° 15', indicating that the Valencian had erred by more than 1°.*

---

77 Ibid., *pp. 346-349.*

78 *According to Tycho himself, who reproduces a number of passages from Gemma's text in the work cited in the preceding note.*

79 *Cf.* TYCHO BRAHE, op. cit. *(note 58), part 1, p. 347. On Tycho's stay in Ratisbone, see* DREYER, op. cit. *(note 51), pp. 82-83, and* DORIS HELLMAN, The Comet of 1577 ..., *p. 191, who mentions the copy of Muñoz' letter which Hagecius gave to Tycho.*

De la misma carta de Muñoz a Hagecius, Tycho menciona y comenta otros datos relativos a distancias interestelares, comparándolos asimismo con los suyos propios y con los de Thaddeus Hagecius. Así, entre las estrellas 11 y 4 de Casiopea, según Muñoz la distancia es de 3° 50'; según Hagecius en la *Dialexis*, de 3° 46'; en la *Dialexis* corregida, 3° 40'; y según Tycho, de 3° 35'. Entre 2 y 11 Casiopea, según Muñoz, la distancia es 6° 50'; según Hagecius, 6° 30', y según Tycho, 6° 27'. Entre "Cynosura" (polar) y "nova", según Muñoz, 26° 40'; según Hagecius, 25° 30', y según Tycho, 25° 15'. Entre 2 Casiopea y "Cynosura", según Muñoz, 34° 25' y según Tycho, 32° 48,5'. A partir de estos datos, el astrónomo danés concluye que el "radio" usado por Muñoz no debía de ser muy preciso, ya que cuanto mayores eran las distancias a medir, más error cometió. En este sentido, añade que, aunque en la mencionada carta Muñoz diga que él había hecho su "radio" [80] más apto que el de Gemma Frisius para medir las distancias interestelares, los errores cometidos indican notables defectos en dicho instrumento o excesivos errores en las observaciones. Finalmente, Tycho Brahe reproduce dos fragmentos del texto de Cornelius Gemma sobre Muñoz, relativos a la posición celeste de la "nova" deducida de su ausencia de paralaje, celebrando la concordancia de los resultados del valenciano con los suyos propios, si bien critica el que éste llame a la estrella "cometa", calificativo que, en su opinión, implica un uso abusivo de dicho término para todo fenómeno nuevo aparecido en el cielo.

En conjunto, podemos afirmar que los escritos de Muñoz sobre la "nova" de 1572 merecieron una elevada consideración y estima por parte de sus contemporáneos. Por otra parte, debe subrayarse que el astrónomo valenciano fue uno de los autores que más claramente pusieron de manifiesto las consecuencias cosmológicas que se derivaban de la demostración del carácter

---

80 El término "radio" aplicado a la ballestilla lo empleó ya Regiomontano. También se le llamaba báculus Jacobi, Cruz Geométrica, virga visoria y verga de oro, entre otras acepciones. La ballestilla era adecuada para medir ángulos superiores a 20° e inferiores a 60°. Fuera de este intervalo, los errores en la medición llegaban a ser importantes. Gemma Frisius introdujo algunas modificaciones en el modelo usual que permitían medir ángulos muy agudos. Véase SALVADOR GARCÍA FRANCO, *Historia del Arte y Ciencia de Navegar*, 2 vols., Madrid, Instituto Histórico de Marina, 1947, I, pp. 232-237, y CH. H. COTTER, *A History of Nautical Astronomy*, London, Hollis and Carter, 1966, pp. 64-69.

From the same letter of Muñoz to Hagecius, Tycho mentions and comments on other data relative to interstellar distances, comparing them with his own and with those of Hagecius. Thus, between stars 11 and 4 of Cassiopaeia, according to Muñoz the distance is 3° 50', according to Hagecius in the Dialexis *it is 3° 46', in the corrected* Dialexis *3° 40' and according to Tycho 3° 35'. Between 2 and 11 Cassiopeia, according to Muñoz the distance is 6° 50', according to Hagecius 6° 30', and according to Tycho 6° 27'. Between "Cynosura" (polar) and "nova", according to Muñoz 26° 40', according to Hagecius 25° 30', and according to Tycho 25° 14'. Between 2 Cassiopaeia and "Cynosura," according to Muñoz 34° 25', and according to Tycho 32° 48,5'. From these data, the Danish astronomer concludes that the "radius" used by Muñoz could not have been very precise, since the greater the distances measured, the greater the error committed. On this point he adds that although in the letter Muñoz says that he had made his "radius"* [80] *more capable than that of Gemma Frisius to measure interstellar distances, the errors committed indicate notable defects in the instrument or excessive errors in observation. Finally, Tycho Brahe reproduces two fragments of Cornelius Gemma's text on Muñoz relating to the celestial position of the "nova" deduced by its absence of parallax, applauding the agreement of the Valencian's results with his own, but criticising him for calling the star a "comet," a term which, in his opinion, implied an abusive use of the word for any new celestial phenomenon.*

As a whole, we can say the the writings of Muñoz on the "nova" of 1572 earned a high level of consideration and esteem on the part of his contemporaries. Also, one must emphasize that the Valencian astronomer was one of the authors who most clearly publicized the cosmological consequences which derived from the demonstration of the celestial character of the "nova"

---

[80] *The term "radius" applied to the cross-staff was already used by Regiomontanus. It was also called the staff of Jacob, geometric cross,* virga visoria, *and gold staff, among other usages. The cross-staff was adequate for the measurement of angles greater than 20° and lesser than 60°. Beyond this interval, measurement errors began to be important. Gemma Frisius introduced several modifications in the usual model which permitted the measurement of very acute angles. See* SALVADOR GARCÍA FRANCO, Historia del Arte y Ciencia de Navegar, *2 vols., Madrid, Instituto Histórico de Marina, 1947, I, pp. 232-237, and* CH. H. COTTER, A History of Nautical Astronomy, *London, Hollis and Carter, 1966, pp. 64-69.*

celeste de la "nova" de 1572, muy en particular la necesidad de abandonar la vieja creencia en la incorruptibilidad de los cielos. En la literatura posterior sobre "novas" y cometas, Muñoz aparece frecuentemente citado junto a los autores más relevantes que se ocuparon de la "nova" del 72.

Gilbert, en *De Mundo,* obra que no sería publicada hasta 1651, en el capítulo que trata sobre los cometas situados más frecuentemente por encima de la luna, menciona a nuestro autor junto a Tycho Brahe, Digges, Dee, Hagecius, Gemma y Maestlin a propósito de la demostración de que la estrella aparecida en Casiopea era supralunar. Por otra parte, Gilbert confundió a dicha estrella con un cometa.[81] Ciertamente la transmisión de los trabajos de Muñoz sobre la "nova" se vio enormemente favorecida por la atención que a ellos dedicaron autores como Hagecius, Gemma y, sobre todo, Tycho Brahe. De este último autor debió de tomar Galileo los datos relativos a las observaciones de Muñoz que aparecen mencionadas en varios de sus escritos, junto a las de otros autores sobre la "nova" del 72.[82]

En España, como el propio Muñoz señala en su carta a Reisacherus, sus ataques a la cosmología aristotélica no fueron bien recibidos, particularmente por parte de los "filósofos, teólogos y palaciegos del rey Felipe", quienes lo "rociaron de injurias". Entre los autores que, en los años posteriores a la aparición de la "nova", escribieron sobre ella, figuran el destacado médico Francisco Valles y el filósofo y teólogo Diego de Zúñiga. Valles, quizá la figura de mayor relieve de la medicina española de la época, en su obra *De sacra Philosophia, liber singularis,* a propósito de un comentario al segundo capítulo del *Eclesiastés,* se ocupa de la "nova" de 1572 y critica a los "astrólogos" que sostienen que la aparición de la misma señalaba una nueva creación.[83] Dice que algunos han llegado incluso a pensar que era un cometa engendrado en el mismo cielo, siendo así que el cielo, en realidad, es incapaz de alterarse, lo que parece

---

81 Cf. Doris Hellman, Was Tycho Brahe..., p. 306.

82 Cf. G. Galilei, *Le opere,* Edizione nazionale, Firenze, Tip. di G. Berberi, 1890-1909, 20 v., II (1891), pp. 284 y 524. Véase también Doris Hellman, Was Tycho Brahe..., p. 306, y Galileo Sources for and use..., p. 7 y *passim.*

83 Cf. Francisco Valles, *De iis, que scripta sunt physice in libris sacris, sive de sacra Philosophia, liber singularis,* Augustae Taurinorum, Apud Haeredem N. Bevilaque, 1587 (Ed. utilizada: Lugduni, Hug. a Porta, 1592), pp. 45-47.

of 1572, in particular the necessity of abandoning the old belief in the incorruptibility of the skies. In later literature on "novas" and comets, Muñoz is frequently cited next to more eminent authors who dealt with the "nova" of '72.

Gilbert, in De Mundo, *a work which would not be published until 1651, in the chapter dealing with the comets most frequently situated above the moon, mentions our author next to Tycho Brahe, Digges, Dee, Hagecius, Gemma and Maestlin with respect to the demonstration that the star appearing in Cassiopeia was supralunar. Elsewhere, Gilbert mistakes this star for a comet.*[81] *Certainly the transmission of Muñoz' works on the "nova" appeared to be enormously helped by the attention lavished on them by authors like Hagecius, Gemma, and above all, Tycho Brahe. From this last author Galileo was to take data relating to Muñoz' observations which appear in various of his writings along with those of others who wrote about the "nova" of '72.*[82]

In Spain, as Muñoz himself points out in his letter to Reisacher, his attacks on Aristotelian cosmology were not well received, especially by the "philosophers, theologians and courtiers of King Philip," who "pelted him with insults." Among the authors who wrote about the nova during the years following its appearance figure the physician Francisco Valles and the philosopher and theologian Diego de Zúñiga. Valles, perhaps the most outstanding Spanish medical figure of the epoch, in his work De sacra Philosophia, liber singularis, *in the course of a commentary on the second chapter of Ecclesiastes, mentions the "nova" of 1572 and criticizes the "astrologers" who maintained that its appearance signalled a new creation.*[83] *He says that some had even gone so far as to think that it was a comet engendered in the sky itself, even though the sky, in reality, is incapable of alteration; this is clearly an allusion to Muñoz,*

---

[81] *Cf.* DORIS HELLMAN, *"Was Tycho Brahe ...", p. 306.*

[82] *Cf.* G. GALILEI, Le opere, *Edizione nazionale, Firenze, G. Berberi, 1890-1909, 20 vols., II (1891), pp. 284 and 524. See also* DORIS HELLMAN, *"Was Tycho Brahe ...," p. 30, and "Galileo Sources for and use ...," p. 7 and* passim.

[83] *Cf.* FRANCISCO VALLES, De iis, que scripta sunt physice in libris sacris, sive de sacra Philosophia, liber singularis, *Turin, N. Bevilaque, 1587 (edition here utilized, Lugduni, Hug. a Porta, 1592), pp. 45-47.*

claramente una alusión a Muñoz, aunque no lo cita. La interpretación del fenómeno por Valles es análoga a la de Reisacherus. El médico español piensa que la estrella estaba en el mismo sitio desde la creación y no se veía por su escasa magnitud; pero gracias a algún cambio en el medio y a que las partes del cielo no son igualmente densas, ha podido crecer hasta aparecer como una estrella de primera magnitud. Esta interpretación de Valles también fue comentada y discutida por Tycho Brahe en la *Astronomiae Instauratae Propymnasmata.*[84]

Diego de Zúñiga es un autor bien conocido en relación con la condena del heliocentrismo por la Inquisición romana en 1616, en la que figura su libro *In Job Commentaria,* junto a la propia obra de Copérnico, para ser expurgado. Efectivamente Zúñiga, en dicho libro, intentó demostrar que la teoría de Copérnico no era contraria a las Sagradas Escrituras.[85] En un texto posterior, titulado *Philosophia prima pars,*[86] Zúñiga abordó los diversos temas de la cosmología tradicional. En esta obra figuran varias alusiones a la "nova" de 1572, al ocuparse de las estrellas y los cometas. En el capítulo *De Stellis*[87] trata de la solidez de las esferas celestes y entre las posibles razones en contra de esta doctrina menciona la "nova" y discute si es o no un cometa. Dice que fue observada en varios lugares de España, Francia, Bélgica, Austria e Italia en la constelación de la Casiopea y añade que los astrónomos no han encontrado ningún paralaje sensible en sus determinaciones. Reconoce que si fuera un cometa, su aparición constituiría un fuerte argumento contra la solidez de las esferas, pero añade que los astrólogos y físicos

---

[84] Cf. TYCHO BRAHE, *op. cit.* (nota 58), Parte I, pp. 349-352.

[85] Cf. DIEGO DE ZÚÑIGA, *Eremitae Augustiniani in Job commentaria...*, Toledo, 1584, pp. 205-207. Una traducción castellana del pasaje de Zúñiga sobre Copérnico en J. M. LÓPEZ PIÑERO; V. NAVARRO BROTÓNS; E. PORTELA MARCO, *Materiales para la historia de las ciencias en España,* Valencia, Pre-textos, 1976, pp. 87-89. Véase también V. NAVARRO BROTÓNS, Contribución a la historia del Copernicanismo en España, *Cuadernos hispanoamericanos, 283* (1974), 3-24, sobre el copernicanismo de Zúñiga y, del mismo autor, Copernicanismo y filosofía natural en Diego de Zúñiga (en prensa) y la voz "Zúñiga" en el *Diccionario biográfico de la ciencia moderna en España* dir. por J. M. LÓPEZ PIÑERO; THOMAS F. GLICK; E. PORTELA MARCO, y V. NAVARRO BROTÓNS (en prensa).

[86] *Didaci a Stunica eremitae augustiniani philosophiae prima pars, qua perfecte et eleganter quatuor Scientias Methaphysica, Dialectica, Rhetorica et Physica declarantur,* Toledo, P. Rodríguez, 1597.

[87] Lib. 4, cap. 3, fol. 225r y ss.

although he does not cite him. Valles' interpretation of the phenomenon is similar to that of Reisacher. The Spanish doctor thought that the star had been in the same place since creation and had not been seen because of its small magnitude; but thanks to some change in the surrounding medium and to the fact that all parts of the sky are not equally dense, it had been able to grow until it appeared as a star of first magnitude. This interpretation of Valles was also commented upon by Tycho Brahe in the Astronomiae Instauratae Propymnasmata.[84]

Diego de Zúñiga is an author well known in connection with the condemnation of heliocentrism by the Roman Inquisition in 1616 in which his book, In Job Commentaria, *along with Copernisus' own work, were expurgated. In this book Zúñiga, in effect, tried to prove that Copernicus' theory was not contrary to the Scriptures.*[85] *In a later text titled* Philosophia prima pars[86] *Zúñiga commented on the various themes of traditional cosmology. Several allusions to the "nova" of 1572 appear in this work, during the discussion of stars and comets. In the chapter* De Stellis[87] *he considers the solidity of celestial spheres and among the possible arguments against this doctrine he mentions the "nova" and discusses whether it is or is not a comet. He says that it was observed in several places in Spain, France, Belgium, Austria and Italy in the constellation Cassiopeia and adds that the astronomers had not found any discernible parallax in the course of their determinations. He recognizes that if it were a comet, its appearance would have constituted a strong argument against the solidity of the spheres, but he adds that the astrol-*

---

[84] *Cf.* TYCHO BRAHE, op. cit. *(note 58), Part I, pp. 349-352.*

[85] *Cf.* DIEGO DE ZÚÑIGA, Eremitae Augustiniani in Job commentaria..., *Toledo, 1584, pp. 205-207. A Castilian translation of Zúñiga's passage relating to Copernicus can be found in* J. M. LÓPEZ PIÑERO, V. NAVARRO BROTÓNS, *and* E. PORTELA MARCO, Materiales para la historia de las ciencias en España, *Valencia, Pre-textos, 1976, pp. 87-89. See also* V. NAVARRO BROTÓNS, *Contribución a la historia del Copernicanismo en España,* Cuadernos hispanoamericanos, *283 (1974), 3-24, concerning the Copernicanism of Zúñiga; Copernicanismo y filosofía natural en Diego de Zúñiga (in press); and the entry "Zúñiga" in the* Diccionario biográfico de la ciencia moderna en España, J. M. LÓPEZ PIÑERO, THOMAS F. GLICK, E. PORTELA MARCO, *and* VÍCTOR NAVARRO BROTÓNS, *eds (in press).*

[86] Didaci a Stunica eremitae augustiniani philosophiae prima pars, qua perfecte et eleganter quatuor Scientias Methaphysica, Dialectica, Rhetorica et Physica declarantur, *Toledo, P. Rodríguez, 1597.*

[87] Ibid., *Book 4, Chapter 3, fols. 225r and following.*

que doctamente han hablado de ello niegan que sea cometa. Para Zúñiga se trata sin duda de una estrella cuya aparición y desaparición no es un hecho natural, sino milagroso, sobrenatural y por encima de la capacidad de comprensión e inteligencia de los hombres. En el capítulo *De Cometis*[88] discute de nuevo si la "nova" era o no un cometa, ya que si lo fuese habría que cuestionar la doctrina defendida por él, de acuerdo con Aristóteles, de la incorruptibilidad de los cielos y solidez de las esferas celestes. Insiste de nuevo en que no era un cometa, sino una estrella, y repite la interpretación sobrenatural del fenómeno.

En la literatura astronómica y astrológica española relativa a "novas" y cometas posterior a la "nova" de 1572 también se encuentran referencias a la misma y a la obra de Jerónimo Muñoz, particularmente entre los discípulos del astrónomo valenciano. Así, el anteriormente mencionado Bartolomé Antist, en su *Almanach,*[89] obra de carácter fundamentalmente astrológico, que incluye diversas observaciones y pronósticos sobre eclipses y cometas, dice que "en el año 1572 se vio un Cometa por el mes de noviembre, sin cola o crines, propio como una estrella hermosísima en su figura y color, que duró casi dos años, sin notarse que hiciese otro movimiento mas que el de las estrellas fijas..." Antist suscribe, sin mencionarlo, la interpretación del fenómeno dada por su maestro, aunque se ahorra las críticas a Aristóteles y no alude a la ausencia de paralaje y a los otros resultados obtenidos por Muñoz. Mayor interés reúne el trabajo de Antonio Núñez Zamora dedicado a la supernova de 1604.[90] Zamora compara la estrella aparecida este año con la "nova" de 1572 observada por su maestro, a cuyo *Libro del nuevo Cometa* se remite.[91] Llama a ambas estrellas "cometas", si bien señala que lo son de una especie nueva y distinta a las descritas por los astrólogos. Defiende que los cometas pueden engendrarse

---

[88] Lib. 7, cap. 3, fol. 267r y ss.

[89] *Almanach o Pronostico de los effectos que se espera, según las configuraciones de los Planetas, y Estrellas que han de succeder en diversas partes del Mundo, y particularmente en el Horizonte, desta insigne ciudad de Valencia, en el año 1581,* Valencia, Vda. de Pedro de Huete, 1580.

[90] *Liber de Cometis, in quo demonstratur Cometam anni 1604 fuisse in firmamento...,* Salmanticae, Vda. A. Ramírez, 1610. Un severo análisis de esta obra, carente de perspectiva histórica, pero de indudable interés en DELAMBRE, *op. cit.* (nota 51), pp. 707-709.

[91] NÚÑEZ ZAMORA, *op. cit.* (nota 90), p. 74.

ogers and physicists who eruditely discussed it denied that it was a comet. For Zúñiga it was without doubt a star whose appearance and disappearance was not a natural event, but a miracle, supernatural and above man's capacity of comprehension and understanding. In the chapter De Cometis[88] *he discusses again whether the "nova" was a comet or not, since if it were, one would have to question the doctrine he defended, in accordance with Aristotle, of the incorruptibility of the skies and the solidity of the celestial spheres. He insists again that it was not a comet, but a star, and reiterates the supernatural interpretation of the phenomenon.*

In Spanish astrological and astronomical literature dealing with "novas" and comets after the "nova" of 1572 one also encounters references to it and to the work of Jerónimo Muñoz, particularly among the disciples of the Valencian astronomer. Thus, the previously mentioned Bartolomé Antist, in his Almanach,[89] *a work of fundamentally astrological character which includes various observations and prognostications on eclipses and comets, says that "in the year 1572 a comet was seen in the month of November, without tail or mane, typical of a very beautiful star in its form and color, which lasted almost two years, without making any movement greater than that of the fixed stars . . ." Antist endorses, without saying so outright, the interpretation of the phenomenon given by his mentor, although he spared himself criticism of Aristotle and did not allude to the absence of parallax or to the other results obtained by Muñoz. Of greater interest is the work of Antonio Núñez Zamora devoted to the supernova of 1604.*[90] *Zamora compares the star which appeared in that year with the "nova" of 1572 observed by his teacher, to whose* Libro del nuevo Cometa *he refers.*[91] *He calls both stars "comets" although he points out that they are of a new and different species from those described by the*

---

88 Ibid., *Book 7, Chapter 3, fols. 267r and following.*

89 Almanach o Pronostico de los effectos que se espera, según las configuraciones de los Planetas, y Estrellas que han de succeder en diversas partes del Mundo, y particularmente en el Horizonte, desta insigne ciudad de Valencia, en el año 1581, *Valencia, Vda. Pedro de Huete, 1580.*

90 Liber de Cometis, in quo demonstratur Cometam anni 1604 fuisse in firmamento . . . , *Salmanticae, Vda. A. Ramírez, 1610. A severe analysis of this work, lacking in historical perspective but of undeniable interest, can be found in* DELAMBRE, op. cit. *(note 51), pp. 707-709.*

91 NÚÑEZ ZAMORA, op. cit. *(note 90), p. 74.*

en el cielo e intenta demostrar que el paralaje de la supernova de 1604 era insensible. Zamora, junto a los elogios a su maestro le dirige algunas críticas, en particular en lo que se refiere a la estimación por Muñoz del tamaño de la "nova" de 1572, estimación totalmente errónea según el parecer de Núñez Zamora.[92] Por otra parte, Zamora, frente a las disputas sobre la incorruptibilidad de los cielos, defiende el carácter demostrativo de su ciencia, la astrología, y por lo tanto, la necesidad de las conclusiones que en ella se obtienen.[93]

VII

MUÑOZ Y EL COMETA DE 1577

El cometa de 1577 reviste, en la historia de la astronomía y en el proceso de abandono de la cosmología aristotélica y medieval, una importancia análoga a la de la "nova" de 1572.[94] El cometa fue observado prácticamente por los mismos astrónomos que habían observado la "nova", publicándose una importante cantidad de tratados sobre el mismo y quedando otros muchos manuscritos. Como en el caso de la "nova", el mejor observador fue Tycho Brahe,[95] quien escribió un breve texto sobre el cometa y un amplio tratado titulado *De Mundi Aetherei Recentioribus Phaenomenis...* El astrónomo danés intentó calcular la trayectoria del cometa, mostrando la posición celeste de la misma. Abandonó definitivamente la doctrina aristotélica sobre la naturaleza sublunar de los cometas y con oca-

---

[92] *Ibid.*, Libro Quarto, p. 3.

[93] *Ibid.*, L. II, p. 71.

[94] Véase el magnífico estudio dedicado a la literatura sobre este cometa por DORIS HELLMAN, *The Comet of 1577...*

[95] Sobre Tycho y sus observaciones del cometa de 1577, además de la obra ya clásica de Dreyer citada arriba, véase DORIS HELLMAN, *The Comet of 1577...*, Chapter III y *passim.* También CHRISTIANSON, J. R., Tycho Brahe's German Treatise on the Comet of 1577, *Isis, 70* (1979), pp. 110-141, trabajo que incluye la edición en versión inglesa del tratado de Tycho Brahe sobre el cometa de 1577 (escrito originalmente en alemán y editado por DREYER, *Tychonis Brahe Dani Opera Omnia,* 15 vols., Copenhaguen, 1913-1929, vol. IV, 379-396 [Dreyer, editor, IV, 511-2]).

astrologers. He maintains that comets can originate in the sky and tries to show that the parallax of the supernova of 1604 was indiscernible. Next to praise of his teacher, Zamora directs some criticism at him, particularly in reference to Muñoz' estimate of the size of the "nova" of 1572, a totally erroneous estimation in Núñez Zamora's opinion.[92] *Elsewhere, in reference to the disputes over the incorruptibility of the skies, Zamora defends the demonstrative character of his science, astrology, and therefore, the necessity of the conclusions obtained through it.*[93]

VII

MUÑOZ AND THE COMET OF 1577

IN *the history of astronomy and in the process of the abandonment of Aristotelian and medieval cosmology the comet of 1577 played an important role analogous to that of the "nova" of 1572.*[94] *The comet was observed by practically the same astronomers who had observed the "nova," who published an impressive quantity of treatises on the subject as well as leaving many manuscripts. As in the case of the "nova," the best observer was Tycho Brahe*[95] *who wrote a short text on the comet and an ample treatise titled* De Mundi Aetherei Recentioribus Phaenomenis.... *The Danish astronomer tried to calculate the trajectory of the comet, showing its celestial position. He definitively abandoned Aristotelian doctrine on the sublunar nature of comets and in his works on the comet of 1577 he elab-*

---

[92] Ibid., *Book 4, p. 3.*

[93] Ibid., *Book 2, p. 71.*

[94] *See the magnificent study devoted to the literature of this comet by* DORIS HELLMAN, The Comet of 1577...

[95] *On Tycho and his observations of the comet of 1577, besides the classical work of* DREYER *cited above, see* DORIS HELLMAN, The Comet of 1577..., *chapter 3 and* passim. *Also,* J. R. CHRISTIANSON, *Tycho Brahe's German Treatise of the Comet of 1577,* Isis, 70 *(1979), pp. 110-141, a work which includes the English version of Tycho's treatise on the comet of 1577, written originally in German and published by* DREYER, Tychonis Brahe Dani Opera Omnia, *15 vols.,, Copenhagen, 1913-1929, vol. IV, 379-396 (Dreyer ed., IV, 511-512).*

sión de sus trabajos sobre dicho cometa de 1577 elaboró su famoso sistema astronómico.[96] Otros autores como Maestlin, Roestlin, el landgrave Wilhelm IV von Hessen y Cornelius Gemma, defendieron también la posición supralunar del Cometa.

El breve folleto publicado por Muñoz sobre el cometa de 1577 reviste un interés muy inferior a su tratado sobre la "nova" de 1572. Comienza con un pronóstico astrológico del eclipse de luna ocurrido el 26 de noviembre de 1577 y observado por Muñoz, según nos informa, a petición del cosmógrafo y "cronista mayor de Indias", López de Velasco.[97] Según nuestro autor, este eclipse habría sido la causa de la formación del cometa. Seguidamente da algunos datos sobre la aparición del cometa y su situación. Dice que lo vio por primera vez el ocho de noviembre; el 10 de noviembre se encontraba en 25° de Sagitario, a 14° 25' de Saturno y 41° 30' de la estrella Aguila. Añade que lo observó todos los días que era visible, desde el ocho de noviembre hasta el primero de diciembre, siguiendo una "línea recta apartándose de la eclíptica hacia el Norte en ángulo de XXXV grados" y desde diciembre hasta el 12 de enero, fecha en la que desapareció, "se ha ido volviendo hacia la eclíptica". En su opinión el quince de octubre "ya era nacido", formándose en el signo de Escorpión. Finalmente, formula el consiguiente juicio astrológico del fenómeno. En cambio, Muñoz guarda silencio acerca de si el cometa era o no supralunar y sobre las consecuencias cosmológicas que cabía deducir de las observaciones del mismo. El contraste con el *Libro del nuevo Cometa* es evidente y probablemente explicable por el deseo de Muñoz de rehuir las críticas y dificultades que le había ocasionado la publicación de sus opiniones. Tal y como se había propuesto, en esta ocasión el astrónomo valenciano optó por "ocultar lo experimentado" limitándose a responder con parquedad al encargo que le había hecho López de Velasco.

---

96 Además de las obras citadas en la nota anterior, véase VICTOR E. THOREN, The Comet of 1577 and Tycho Brahe's System of the World, *Archives Internationales d'Histoire des Sciences, 29* (1979), 53-68.

97 La petición de Velasco a Muñoz formaba parte de un amplio plan de observaciones, destinado principalmente a la determinación de las coordenadas geográficas de varias localidades de España y América. Véase PICATOSTE, *op. cit.* (nota 9), pp. 174-175, y LÓPEZ PIÑERO, *Ciencia y técnica...*, pp. 218-219.

orated his famous astronomical system.[96] *Other authors like Maestlin, Roestlin, landgrave Wilhelm IV von Hessen and Cornelius Gemma, also defended the supralunar position of the comet.*

The short pamphlet published by Muñoz about the comet of 1577 holds much less interest than his treatise on the "nova" of 1572. It begins with an astrological prognostication of the lunar eclipse which occurred on November 26, 1577 and which was observed by Muñoz, so we are told, at the request of the cosmographer and "senior chronicler of the Indias," López de Velasco.[97] *According to our author, this eclipse probably was the cause of the formation of the comet. He then gives some data on the appearance of the comet and its situation. He says he saw it for the first time on November 8; on November 10 it was located 25° from Sagittarius, 14° 25' from Saturn and 41° 30' from the star Aguila. He adds that he observed it all the days it was visible, from November 8 until December 1, following a "straight line moving away from the ecliptic towards the north at an angle of XXXV degrees," and from December until January 12, the date on which it disappeared, "it continued returning towards the ecliptic." In his opinion, on the fifteenth of October "it was already born," arising in the sign of Scorpio. Finally, he formulates the astrological forecast issuing from the phenomenon. On the other hand, Muñoz remains silent on the matter of whether the comet was supralunar or not and on the cosmological consequences that could be deduced from observing it. The contrast with the* Libro del nuevo Cometa *is obvious and probably explained by Muñoz' desire to avoid the criticisms and difficulties which the publication of his opinions had caused before. Just as he had proposed, on this occasion the Valencian astronomer opted to "hide experience" and limited himself to a parsimonious response to the request made by López de Velasco.*

---

[96] *Besides the works cited in the preceding note, see* VÍCTOR E. THOREN, *The Comet of 1577 and Tycho Brahe's System of the World,* Archives Internationales d'Histoire des Sciences, 29 *(1979), 53-68.*

[97] *Velasco's petition to Muñoz was part of a broad plan of observations, directed primarily at the determination of geographical coordinates of various places in Spain and Spanish America. See* PICATOSTE, op. cit. *(note 9), pp. 174-175, and* LÓPEZ PIÑERO, Ciencia y técnica ..., *pp. 218-219.*

Deseamos expresar nuestro agradecimiento por las facilidades que para la realización de la presente obra han prestado la Biblioteca de Catalunya (Barcelona), la Biblioteca Pública de la Casa de la Cultura de Valencia (Biblioteca Nicolau Primitiu), Bibliothéque Nationale (París), Herzog August Bibliothek (Wolfenbüttel) y Oesterreichische Nationalbibliothek (Viena).

APÉNDICES
APPENDICES

APÉNDICE 1

AUTORES CITADOS Y FRECUENCIA DE CITACIÓN EN EL *LIBRO DEL NUEVO COMETA*

Autores citados	*Siglo*	*Disciplina*	*Número de citas*	*Porcentaje*
Alberto Magno	XIII	Filosofía Natural	1	1,4
Albumasar	IX	Astrología	6	8,1
Anaxágoras	V a.C.	Filosofía Natural	5	6,8
Aratus	IV-III a.C.	Astronomía	1	1,4
Aristóteles	IV a.C.	Filosofía Natural	7	9,5
Beda	VII-VIII	Filosofía Natural	1	1,4
Demócrito	V a.C.	Filosofía Natural	5	6,8
Dicaearchos	IV a.C.	Geografía	1	1,4
Euclides	III a.C.	Matemáticas	3	4,1
Eurípides	V a.C.		1	1,4
Galeno	II	Medicina	2	2,7
Haly Eben Rodan	XI	Astrología	3	4,1
Hiparco	II a.C.	Astronomía	1	1,4
Hipócrates de Cos	V-IV a.C.	Medicina	2	2,7
Joviano Pontano	XV	Astronomía	3	4,1
Lucano			2	2,7
Moisés			2	2,7
Pico della Mirandola	I	Filosofía Natural	1	1,4
Platón	XV	Filosofía Natural	2	2,7
Plinio	V-IV a.C.	Historia Natural	4	5,4
Posidonio	I	Geografía	1	1,4
Ptolomeo	II a.C.	Astronomía	13	17,6
Regiomontano	II	Astronomía	5	6,8
Séneca	XV	Filosofía Natural	1	1,4
San Dionisio	I		1	1,4
(Pseudo Aeropagita)	V-VI?			
			74	100,8

Appendix 1

AUTHORS CITED IN THE LIBRO DEL NUEVO COMETA *AND FREQUENCY OF CITATION*

Authors cited	Century	Discipline	No. of Citations	Percentage
Albert the Great	*XIII*	*Natural Philosophy*	*1*	*1.4*
Albumasar	*IX*	*Astrology*	*6*	*8.1*
Anaxagoras	*V B.C.*	*Natural Philosophy*	*5*	*6.8*
Aratus of Soli	*IV-III B.C.*	*Astronomy*	*1*	*1.4*
Aristotle	*IV B.C.*	*Natural Philosophy*	*7*	*9.5*
Bede	*VII-VIII*	*Natural Philosophy*	*1*	*1.4*
Democritus	*V B.C.*	*Natural Philosophy*	*5*	*6.8*
Dicaearchus	*IV B.C.*	*Geography*	*1*	*1.4*
Euclid	*III B.C.*	*Mathematics*	*3*	*4.1*
Euripides	*V B.C.*		*1*	*1.4*
Galen	*II*	*Medicine*	*2*	*2.7*
Haly Eben Rodan	*XI*	*Astrology*	*3*	*4.1*
Hipparchus	*II B.C.*	*Astronomy*	*1*	*1.4*
Hippocrates of Cos	*V-IV B.C.*	*Medicine*	*2*	*2.7*
Joviano Pontano	*XV*	*Astronomy*	*3*	*4.1*
Lucan	*I*		*2*	*2.7*
Moses			*2*	*2.7*
Pico della Mirandola	*XV*	*Natural Philosophy*	*1*	*1.4*
Plato	*V-IV B.C.*	*Natural Philosophy*	*2*	*2.7*
Pliny	*I*	*Natural History*	*4*	*5.4*
Posidonius	*II B.C.*	*Geography*	*1*	*1.4*
Ptolemy	*II*	*Astronomy*	*13*	*17.6*
Regiomontanus	*XV*	*Astronomy*	*5*	*6.8*
Seneca	*I*	*Natural Philosophy*	*1*	*1.4*
Dionysius (Pseudo-Areopagite)	*V-VI (?)*		*1*	*1.4*
			74	*100.8*

Genéricos

Árabes	1	8,3
Caldeos	2	16,7
Egipcios	1	8,3
Estoicos	1	8,3
Peripatéticos	7	58,3
	12	99,9

Philosophical schools cited generically

Arabs	*1*	*8.3*
"Chaldeans"	*2*	*16.7*
Egyptians	*1*	*8.3*
Stoics	*1*	*8.3*
Aristotelians	*7*	*58.3*
	12	*99.9*

APÉNDICE 2

COLACIÓN DEL GRADO DE BACHILLER EN ARTES A JERÓNIMO MUÑOZ [1]

CONCESSION OF THE BACHELOR OF ARTS DEGREE TO JERÓNIMO MUÑOZ

Universis et singulis praesentes litteras sive praesens publicum privilegiorum instrumentum, inspecturis, lecturis pariter et auditoris. Nos Andreas Serra, presbiter, Sacrarum Litterarum interpres Capellanusque Sacrae Caesareae et Regiae Majestatis Imperatoris et domini nostri Regis ac pro Illmo et Reverendissimo domino domino Herardo de Marcha, miseratione divina Sanctae Romanae Ecclesiae Cardenali et Archipiescopo Valentino, huius almae Universitatis et Studii Generalis Valentie Cancellari(o), salutem in eo qui omnium vera salus et sincerae dilectionis affectum. Cum benemeritis retributio largienda sit, dignum non inmerito arbitramur ut qui litterarum studio insudarunt virtutibusque et scientia decorantur, debitis honoribus proemientur et extollantur, ut et ipsi benemeruisse gaudeant, et alii ad similia promerenda inducantur exemplo, et ad virtutum studia ardentius nitantur pro viribusque pervenire. Nos igitur, Redemptoris nostri, qui ad hoc venit in mundum ut testimonium perhiberet veritati, Sancta vestigia saluberrimaque mandata sectantes, vobis omnibus(que) et singulis quorum intersit, testamur et notum facimus per praesentes quam venerabilis vir Hieronymus Munyos in artibus studens, huius civitatis Valentiae origi-

1 Archivo Municipal de Valencia, *Libros de Grados*, a-4, 6 de junio de 1537. Agradezco a Amparo Felipo Orts y Ángel Aguirre Álvarez su ayuda en la transcripción de este documento.

narius, qui in hac academia suos peregit cursus et quam morum probitas, scientarum vitaeque honestas ac fama laudabilis multipliciter approbant et extollunt, prout ex his que vidimus et multorum fide digna relatione percepimus, et nobis constitit premisso riguroso examine publico, et palam in nostri ac reverendi etiam domini Joannis de Celaya doctor parisiensis, abbatis Sancti Andreae Principatus Cathaloniae, ac dicti Studii Generalis rectoris meritissimi ac multorum aliorum reverendorum et magnificorum virorum praesentia, in loco solito dicti Studii Generalis praesentibus, die et hora facto per reverendum Petrum Bellvarum magistrum et unum ex examinatoribus septem artium liberalium dicti Studis Generalis ac ipsius examinati patrem seu promotorem, necnon et per reverendos viros Ludovicum Joannem Gensor, Franciscum Joannem de Castro et Joannem Descalç, artium magistros dicti Studii Generalis septem bonarum artium liberalium, una cum dicto reverendo Petro Bellvarum magistro examinatores dignissimos, sua meruit sufficentia ad gradum baccallaureatus dictarum septem bonarum artium liberalium promoveri; quare, meritis suis exigentibus, nos, dictus cancellarius, autoritate nobis concessa qua fungimur, in hac parte de consilio et unamini consensu et voto dicti domini rectoris ac predictorum in dictis artibus examinatorum, atque in eorum ac omnium praedictorum praesentia, exacto prius a dicto venerabili Hieronymo Munyos solito iuramento, per eum (im posse) nostro praestito qui non veniet contra Sacrosanctam Sedem Apostollicam nec contra Sacram et Catholicam opinionem et determinationem Inmaculatae Conceptionis Dei Genitrix, nec contra Caesarem et Regiam Magestatem Imperatoris et domini nostri Regis, nec contra dictam Universitatem et Studium Generale Valentiae, neque officium rectoratus dicti Studii Generalis et quia obediet dicto domino rectori ipsius Studii Generalis in omnibus mandatis suis licitis et honestis, eundem venerabilem Hieronymum Munyos ad dictum baccallaureatum gradum promovimus et harum serie promovemus, ac in dictis septem artibus liberalibus baccallaureum facimus atque creamus *tanquam benemeritum et valde condignum et nemine discrepante,* eumque numero ceteri et consortio ceterorum in dictis artibus liberalibus baccallaurearum adiungimus et aggregamus, ut gaudeat et utatur, ac uti et gaudere possit omnibus et singulis gratiis, privilegiis, prerogativis, inmunitatibus, libertatibus, favoribus et honoribus quibus ceteri dicti artium baccallaurei gaudent et uttuntur, ac uti et gaudere possunt in praedicto Studio Generali et ubique terrarum atque locorum, veluti si in Studio Generali Romano, Bononiensi, Salamanticensi aut alio quocumque Studio Generali praedictum baccalaureatus gradum adeptus fuisset; in cuius rei testimonium praesentes fieri ac dicto venerabili Hieronymo Munyos per notarium infrascriptum tradi iussimus sigilli dicti nostri cancellario officii et seu dictae Universitatis et Studii Generalis Valentiae appensione munitas, datas et actas in praedicto Studio Generali Valentino sexta die mensis Junii anno a nativitate domini millessimo quingentessimo trigessimo septimo, praesentibus ibidem pro testibus, huiusque actum decorantibus reverendo Petro Maza et Joanne Baptista Hugonen de Bonmija in artibus magistris civitate Valentiae habitantibus.

Apéndice 3

CARTA DE JERÓNIMO MUÑOZ A BARTHOLOMAEUS REISACHERUS

Transcripción y traducción

Appendix 3

LETTER FROM JERÓNIMO MUÑOZ TO BARTHOLOMEW REISACHER

Transcription and translation

Ex litteris Hieronimi Munocii Hispani ad Bartholomaeum Reisacherum Viennesem[1]

Mitto libellum de novo cometa emendatum, nam ob importunam efflagitationem vix spatio 26 dierum compositus et editus est. Cap 3. habemus: die 17 decembris cum esset. ☉ (Sol) in

[1] Oesterreichische Nationalbibliothek, 10689, n.° 41, fols. 1^r-6^v. Doris Hellman en The new star..., p. 484, nota 5, dio ya noticia de la existencia de esta carta. Para la transcripción estamos en deuda con Milagros Cárcel Ortí y Arsenio Pastor Montero y con Jorge Ballester por la reproducción de las figuras. Hemos normalizado el empleo de mayúsculas y la puntuación, y desarrollado las abreviaturas. Las letras "u" y "v" las hemos normalizado asimismo de acuerdo con el uso actual.

[1] *Oesterreichische Nationalbibliothek, 10689, No. 41, fols. 1r-6v.* Doris Hellman *in "The New Star...," p. 484, n. 5, already noted the existence of this letter. We are indebted to Milagros Cárcel Ortí and Arsenio Pastor Montero for the transcription and also to Jorge Ballester for reproducing the drawings. We have regularized the use of capital letters and punctuation and have filled out abbreviations. Likewise, the letters* u *and* v *are normalized in accordance with current usage.*

6 gradu[2] 28 m. ♑ (Capricornii),[3] quo tempore erat hora 5 m. 58, (pro) 38 possuerunt 58[4]; in aliis (capitibus) aliqua desiderantur quae addi invenies.

Ego in ea semper fui sententia ut in rebus quae demostrari possunt nulli (...) credendum, neque Ptolomeo, neque Regi Alphonso, neque Johanni Regiomontano quem nosci longe peritiorem Nicolao Copernico et Erasmo Reinholdo.

(2r) Itaque, factum est ut in colligenda longitudine et latitudine cometae, non fuerim usus longitudinibus trium principalium stellarum tertiae magnitudinis Cassiopeae, neque etiam longitudine 11 stellae cui proximus erat cometa; quia secundum observationem meam factam anno 1570 completo, quo observavi precedentem stellam in cornibus | (Arietis) progressam secundum longitudinem ab observatione Ptolomei usque ad dictum annum, per 21^{p} 37' 53", ex qua observatione, si Ptolomeus in notandis longitudinibus non erravit, undecima stella Cassiopeae erit in 6^{g} 38' | (Tauri), et non, ut ex Prutenicis tabulis collegisti, in 6^{g} 10' | (Tauri). Copernicus Ptolomeum sequitur, tantum differt quod longitudines non per signa divisit sed a precedenti stella (2v) in cornibus | (Arietis) per numeros usque ad 360 longitudines earum distinxit. (Substantialiter) vero a Ptolomeo non discrepat, ut collatione utriusque facta poteris videre. Undecimam vero stellam, cum cometa lumine abundaret, nunquam ego observavi,[5] at ubi cometa minor ea Stella fuit, a me visa est, sed radio non est observata quantum ab eo distaret. Itaque inter nos nullius momenti discrimen est quod varietati instrumentorum et observationum ascribi potest. Longe maius est inter nos et dominum Thadaeum ab Haik qui cometam collocat in 6 g. 24 m. | (Tauri) et, ut tibi morem geram,

---

[2] En el manuscrito parece un 1, pero debe tratarse de un error del amanuense. Véase arriba, p. 44, nota 61.

[3] En el manuscrito hay un signo que hemos identificado con Capricornio comparando el texto con la información que da Muñoz en el *Libro del nuevo Cometa,* fol. 8^{v}.

[4] Sobre este dato, véase arriba, p. 44, nota 61.

[5] Tachado: vidi.

[2] *This appears to be a 1 in the ms., but must be a scribal error. See above, p. 45, note 61.*

[3] *In the manuscript there is a symbol which we have identified as Capricorn by comparing the text with the information given by Muñoz in the* Libro del nuevo Cometa, *fol. 8v.*

[4] *Concerning this point, see above, p. 45, note 61.*

[5] *Struck out:* vidi.

volui expendere ipsius observationem et demonstrationem quae sane exactissima est.

Sequitur explicatio observationis et demonstrationis.

(3r) Sit 1 die Januarii anni 1573, hora 4 m. 30 Viennae Austriae, cuius latitudo est 48 22, ut a Purbachio et Regiomontano observatum est, maximam cometae altitudinem repertam 76 g 44 m, alteram vero minimam 20 g, quae simul collecta faciunt 96 44, cuius dimidium est poli Viennae altitudo 48^{g} 22', quare cometa proinde ut stella fixa perpetuae apparitionis carebit paralaxi. Substracta minima altitudine ex maxima, supersunt 56 44 cuius dimidium 28 22 est complementum declinationis cometae, et declinatio eius erit 61 38. Deinde, tanquam verum et calculo deprehensum, astruit cometam culminasse caelum cum intersectione ipsa | (Arietis); quo concesso, ex 25 prob. IIII lib. de *Triangulis* Regiomontani (3v) concluditur latitudo eius et verus locus.

Sit CAGK portio coluri solstitiorum, C polus Eclipticae, A polus mundi, DK quadrans aequatoris ab equinoctio verno D, DG quadrans eclipticae, B cometa culminans in cuadrato AD coluris aequinoctiorum et meridiani, CBE quadrans meridiani eclipticae determinans longitudinem. Angulus KAD rectus sphe-

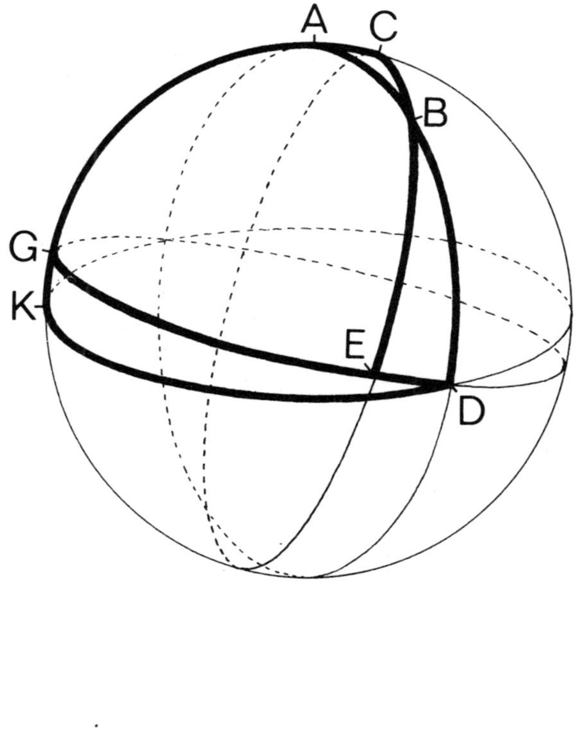

ralis, nam ostendit quadrantem circuli maioris nempe DK, quare et angulus BAC ei aequalis erit rectus; ergo in triangulo rectangulo BAC, datis duobus lateribus angulum rectum continentibus, per primam partem 25 probl. quarti libri, invenietur latus obtensum angulo recto, nempe EB 36 p. 12 m. Nam si multiplicantur sinus (4r) recti complementorum arcum AB et AC inter sese, nempe 52 partes 47 m. 43 s., qui sinus est 61 g. 38, in sinum 55ᵖ 2' 15" arcus 66ᵖ 32, colliguntur 48 primae 25 partium 43' 12" 22''', qui numerus si dividatur per totum sinum 60 (scilicet), relinquit 48p. 25' 43" 12''' 22'''' cuius arcus est 53ᵖ 48', nempe BE latitudo cometae et complementum eius BC est 36ᵖ 12'.[6]

Protinus, sumo alium triangulum rectangulum BED, angulus nempe E rectus est ex 1.ª propositione 4ᵗⁱ de *Triangulis* et 4.ª definitione (...), omnis nempe angulus qui sit ab arcu ducto a polo propio alicuius circuli in ipsum circulum rectus est. Ergo per secundam partem 25 propositionis quarti libri de *Triangulis*, ex duobus lateribus uno proximo angulo recto altero vero ipsi (4v) angulo recto opposito notis, invenietur latus DE longitudo stellae 36ᵍ 27', nam sinus rectus 28ᵍ 22' complementi arcus DB qui subtendit angulum rectum E est 28 partium 30' 24", qui ductus per totum sinum procreat 28 primas 30 partes 24', qui numerus si dividatur per 35 26' 11" sinus rect(i) arcus CB complementi arcus BE, provenient 48 partes 16' cuius arcus est 53ᵖ

[6] Obsérvese que Muñoz utiliza notación sexagesimal tanto para los ángulos como para las cuerdas y funciones trigonométricas. El cálculo que realiza, como puede verse, se reduce a aplicar la relación del coseno al triángulo rectángulo ABC:

$$\cos AB \cdot \cos AC = \cos BC$$

o, tal como lo expresa Muñoz:

$$\text{sen}\,(90 - AB) \cdot \text{sen}\,(90 - AC) = \text{sen}\,(90 - BC) \cdot \text{sen}\,90$$

donde AB es el complementario de la declinación del "cometa", 61° 38', y AC es la oblicuidad de la eclíptica, 23° 28'.

[6] *Note that Muñoz uses sexagesimal notation, not only for angles, but also for chords and trigonometric functions. The operation which he performs, as can be seen below, is simply the application of the relation of the cosine to the right triangle ABC:*

$$\cos AB \cdot \cos AC = \cos BC$$

or, as expressed by Muñoz:

$$\sin\,(90 - AB) \cdot \sin\,(90 - AC) = \sin\,(90 - BC) \cdot \sin\,90$$

where AB is the complement of the declination of the "comet," 61° 38' and AC is the obliquity of the ecliptic, 23° 28'.

33',[7] et complementum eius est 36 27' quantus est arcus DE longitudini cometae.[8]

Explicavi breviter demonstrationem D. Thadaei in qua non est opus explicare quantus sit angulus ABC, nec quantus sit angulus BED, nam sine ipso demonstrari potest latitudo et longitudo cometae. (5r) Verum in calculo ex quo deprehendit cometam culminasse caelum in principio ipso | (Arietes), nisi ego fallor, est error, nam 1.ª die januarii anni 73 hora 4 m 30 Viennae, | (Sol) ex *Tabulis* de | (conjunctione) et |[9] (oppositione) luminarium Purbachii invenitur fuisse in 21 46 (Capricornii), cuius recta ascensio iuncta cum 67^g 30' pro 4 horas 30' est 361^g 1' | 1^g 1',[10] et proinde cometa mediabat caelum cum 1^g 7' fere | (Arietis), et secundum Stadium sectatorem *Tabularum prutenicarum*, mediabat caelum cum 16 m. | (Arietis); sed verior calculus est Purbachii ut ex data altitudine aequatoris et altitudine meridiana solis, collecta eius declinatione et (...) in tabulam declinationum (5v) inmissa, inveniri quotidie potest. Constituamus ergo cometam caelum mediasse cum 1^g 7'

---

7 En el manuscrito se lee 58° 33'.

8 Aquí Muñoz aplica la misma relación que en el caso anterior:

$$\text{sen}\,(90 - DB).\ \text{sen}\,90 = \text{sen}\,(90 - DE).\ \text{sen}\,(90 - BE)$$

que equivale a:

$$\cos DE = \frac{\cos DB}{\cos BE}$$

donde DB es la declinación del cometa y BE es la latitud hallada anteriormente, 53° 48'.

9 Conjunción y oposición.

10 El tiempo de culminación de la estrella nos da la diferencia entre las ascensiones rectas sol-estrella. Sabiendo la longitud del sol ($\lambda = 360° - (270 + 21° 46')$) y la oblicuidad de la eclíptica ($\varepsilon = 23° 30'$) se calcula la ascensión recta del sol, $tg\alpha = tg\lambda \cos\varepsilon$, que resulta ser 360° — 66° 28' 16". A 4 h. 30' corresponden 67° 30', con lo que resulta la ascensión recta de la estrella, 361° 1' 14", que es aproximadamente el resultado que obtiene Muñoz: 1° 1'.

7 *The manuscript reads 58° 33'.*

8 *Here Muñoz applies the same relation as in the previous case:*

$$\sin\,(90 - DB) \cdot \sin 90 = \sin\,(90 - DE) \cdot \sin\,(90 - BE)$$

which is equivalent to:

$$\cos DE = \frac{\cos DB}{\cos BE}$$

where DB is the declination of the comet and BE is the latitude determined before, 53° 48'.

9 *Conjunction and opposition.*

10 *The time of culmination of the star gives us the difference between the right ascensions of the sun and the star. Knowing the longitude of the Sun ($\lambda = 360° - (270 + 21° 46')$) and the oblicuity of the ecliptic ($\varepsilon = 23° 30'$) one calculates the right ascension of the Sun, $tg\alpha\ tg\lambda\cos\varepsilon$, which turns out to be 360° — 66° 28' 16". 67° 30' corresponds to 4 h. 30', whereby the right ascension of the star is 361° 1' 14", which is approximately the result obtained by Muñoz: 1° 1'.*

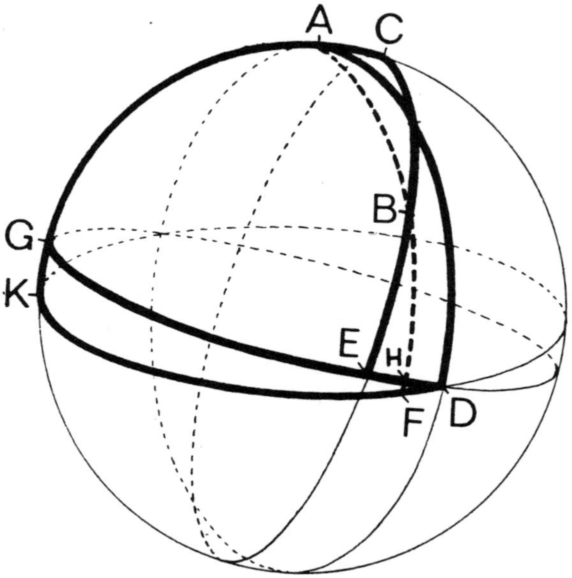

| (Arietis); erit apparatus demonstrationis ad quarendam latitudinem et longitudinem cometae talis: CAGK ut prius, KD et GD ut prius, CBE ut prius, ABHF meridianus aequatoris cum quo caelum mediabat cometa, DF ascensio recta cometae, DH portio eclipticae et ascensioni rectae conveniens, FH declinatio eius gradus eclipticae, FB declinatio cometae, BE eius latitudo, EHD eius longitudo; posito hoc apparatu, angulus CAF non est rectus sed obtusus, (6r) quia maior angulo recto CAD, quare non poterit investigari per 25 problema predictum quantitas arcus CB.[11] Quare existimo ob hanc causam decrevisse in lucem edere aliam exactiorem et copiosorem commentationem. Obsecro itaque te, ut meo nomine dominum Thadaeum ab Haik salutes cohorterisque ut[12] ab incepto opere non desistat, memor

[11] En la *Dialexis*, pp. 86-89, Hagecius sigue considerando la ascensión recta de la estrella de 0°. Tycho, en el estudio que dedica en su *Astronomiae Instauratae Progymnasmata* (ed. cit., pp. 314-325) a la obra de Hagecius, señala también el error de este autor de considerar nula la ascensión recta de la "nova". El valor de Tycho para la ascensión recta es de 0° 26'.

[12] Tachado: deinceps.

[11] *In the* Dialexis, *pp. 86-89, Hagecius continues considering the right ascension of the star as 0°. Tycho, in his study of Hagecius' work in his* Astronomiae Instauratae Progymnasmata *(ed. cit., pp. 314-325) also points out the error of this author in considering the right ascension of the "nova" as zero. Tycho's value for the right ascension is 0° 26'.*

[12] *Struck out:* deinceps.

illius sententiae Salomonis: tu quodcumque potes facere, instanter operare, quia tempus et occassio deest descendentibus ad inferos. Ingenium enim eius et acrimonia vetuli ex unguibus leo mihi nota est, nec minus te obsecro ut incoeptum de paralaxibus opus absolvat, hoc enim videtur ab antiquis ma(6v)thematicis aliqua ex parte tractatum, sed ad colophonem quod dici solet non est perductum.

Ego multo plura reservavi mihi quae in libello evulgavi, indignatus qui pro benefactis nedum gratiae actae sunt scilicet, etiam iniuriis aspersus sum, a permultis theologis et philosophis et aulicis Regis Philippi, quare decrevi λάθεἰν βίωσαντα, et ut Horatius ait, nec bene divitibus contingunt gaudis solis, nec vixit male qui natus moriensque fefellit. Nolo amplius irritare crabrones, non amplius insummam ne quadrante quidem in evulgandas operibus meis, quando nec Rex impulsor ad scribendum librum de cometa nec comes aliqua in re gratificati sunt. (7r) Longe melius elocabo pecunias meas in posterum quam hactenus feci in cudendis libris.

Hispania, ut ait Plinius, minime est astrorum observatrix, nec sedulo dant operam mathematicis, scilicet solis artibus quaestuariis. Imprudentis est imo prodigi velle in Hispania de mathematicis quicquid edere, immensi sunt sumptus impressionis et libri non venduntur, de reliquo existima me tibi addictissimum et talem qui numquam in officio victus fuerim, spera namque certo me daturum operam ut nostra amicitia incrementa suspiciat potius quam languescat aut remittatur.

Vale

Hieronimus Munnos

Valentiae die 13 Aprilis
Anno 1574

De las cartas del español Jerónimo Muñoz a Bartolomaeus Reisacherus de Viena.

Te envio el librito sobre el nuevo cometa (...) enmendado, pues a causa de una inoportuna petición fue compuesto y editado en apenas el espacio de 26 días. En el capítulo 3.º, (tenemos) el 17 de diciembre, cuando el sol estaba en 6 grados 28 m. de Capricornio, siendo la hora 5 m. 58, (por) 38 pusieron 58; en otros capítulos faltan algunas cosas que verás deben ser añadidas.

Yo siempre fui de la opinión de que en las cosas que pueden demostrarse no hay que dar (...) crédito a nadie, ni a Ptolomeo, ni al rey Alfonso, ni a Juan Regiomontano, que para mi es mucho más docto que Nicolás Copérnico y Erasmo Reinhold.

(1v) Así pues, ocurre que al deducir la longitud y latitud del cometa, no me he servido de las longitudes de las tres estrellas principales de tercera magnitud de Casiopea, ni tampoco de la longitud de la estrella 11 a la que estaba próximo el cometa; puesto que, según la observación por mí realizada cumplido el año 1570, en el que observé que la estrella precedente en los cuernos de Aries había avanzado en longitud, desde la observación de Ptolomeo hasta dicho año, 21° 37' 53", según la cual observación, si Ptolomeo no se equivocó al consignar las longitudes, la estrella undécima de Casiopea estará en 6° 38' de

From the letters of the Spaniard Jerónimo Muñoz to Bartholomew Reisacher of Vienna.

I am sending you a little book on the new comet (...) amended, for because of an inopportune petition it was composed and published in scarcely the space of 26 days. In chapter 3, we have the 17th of December, when the sun was 6 degrees 28 m. from Capricorn, the hour being 5 m. 58, (for) 38 they put 58; in other chapters a few things are missing which you will see must be added.

I have always been of the opinion that, on matters which can be demonstrated, one need give credit to no one, not to Ptolemy, nor to King Alfonso, nor to John Regiomontanus, who for me is much more erudite than Nicolas Corpenicus and Erasmus Reinhold.

(1v) In any case, it happens that in deducing the longitude and latitude of the comet, I have not found useful the longitudes of the three principal stars of the third magnitude of Cassiopeia, nor the longitude of star 11, to which the comet was closest; inasmuch as, according to my observation of 1570, in which I observed that the star precedent on the horns of Aries had advanced in longitude since the observation of Ptolemy until that year, 21° 37′ 53″, according to which observation if Ptolemy was not mistaken in assigning the longitudes, the eleventh star of Cassiopeia would be 6° 38′ from Taurus, and not, as you

Tauro, y no, como dedujiste de las *Tablas Pruténicas,* en 6° 10' de Tauro. Copérnico sigue a Ptolomeo; sólo difiere de él en que no divide las longitudes por signos, sino que las distingue con números, desde la estrella precedente (2r) en los cuernos de Aries, hasta el 360. Pero sustancialmente no discrepa de Ptolomeo, como podrás observar mediante una confrontación de ambos. Por otra parte, como el cometa resplandecía mucho no pude observar a la estrella undécima, si bien, cuando el cometa era menor que dicha estrella, pude verla, aunque en radio no observé cuánto distaba de él. Por esto, entre nosotros no tiene ninguna importancia la diferencia que puede atribuirse a la variedad de los instrumentos y observaciones. Mucho mayor la hay entre nosotros y el Sr. Tadeo ab Haik que coloca el cometa en 6° 24' de Tauro, y, para complacerte, quise sopesar su observación y demostración, que ciertamente es muy exacta.

Sigue la explicación de la observación y demostración.

(2v) Sea el 1 de enero de 1573, hora 4 m. 30 de Viena, en Austria, cuya latitud es 48° 22', como observaron Peurbach y Regiomontano; la máxima altitud del cometa hallada era 76° 44' y la mínima 20° que sumadas dan 96° 44', cuya mitad es la altura del polo de Viena 48° 22', por lo cual el cometa, como una estrella fija de aparición perpetua, carecerá de paralaje. Restando la altura menor de la mayor, quedarán 56° 44' cuya mitad 28° 22' es el complemento de la declinación del cometa, por lo que ésta será 61° 38'. Después añade, como algo verdadero y obtenido por cálculo, que el cometa culminaba en el cielo en intersección con el mismo Aries. Concedido lo cual, por el problema 25 del IV libro de *Triangulis* de Regiomontano, (3r) se deduce su latitud y su lugar verdadero.

Sea CAGK la porción del coluro de los solsticios, C el polo de la eclíptica, A el polo del mundo, DK el cuadrante del ecuador desde el equinoccio de primavera D, DG el cuadrante de la eclíptica, B el cometa que culmina en el cuadrante AD del coluro de los equinoccios y en el meridiano, CBE el cuadrante del meridiano de la eclíptica que determina la longitud. El ángulo KAD es recto esférico, pues comprende un cuadrante de círculo máximo, o sea DK, por lo tanto, el ángulo BAC, igual a él, será recto; luego, en el triángulo rectángulo BAC, dados dos lados que contienen un ángulo recto, por la primera parte del pro-

deduced from the Prussian Tables, 6° 10' from Taurus. Copernicus follows Ptolemy; he only differs from him in that he does not divide the longitudes by signs, but distinguishes them by numbers, from the precedent star (2r) on the horns of Aries, up to 360. But there is no substantial discrepancy with Ptolemy, as you can see by comparing the two. On the other hand, as the comet glittered much I could not see the eleventh star, although indeed when the comet was smaller than this star I could see it, although on the radius I did not observe how far away from it it was. Meanwhile between the two of us the difference that can be attributed to variation in the instruments and observations has no importance. Much more important [is the difference] between us and Mr. Thaddeus ab Haik, who locates the comet 6° 24' from Taurus and, to please you, I wanted to test your observation and demonstration, which certainly is very exact.

Following is the explanation of the observation and demonstration: (2v) Let it be the first of January 1573, the hour 4 m. 30 in Vienna, Austria, whose latitude is 48° 22', as Peurbach and Regiomontanus observed. The maximum elevation found of the comet was 76° 44' and the minimum 20°, which summed give 96° 44', whose half is the elevation of the pole at Vienna 48° 22'. Therefore the comet, like a fixed star of perpetual appearance, lacks parallax. Subtracting the lesser elevation from the greater, we are left with 56° 44', whose half, 28° 22', is the complement of the declination of the comet, whereby this would be 61° 38'. Then add, as something true and obtained by calculation, that the comet culminated in the sky in intersection with Aries itself. This granted, by problem 25 of the fourth book of Triangulis *by Regiomontanus, (3r) we deduce its latitude and its true place.*

Let CAGK be the portion of the colure of the solstices, C the pole of the ecliptic, A the pole of the world, DK the cuadrant of the equator from the vernal equinox, DG the cuadrant of the ecliptic, B the comet which culminates in the quadrant AD of the colure of the equinoxes and on the meridian, CBE the cuadrant of the meridian of the ecliptic that determines the longitude. KAD is a right angle as it comprises a quadrant of a maximal circle, that is, DK, therefore the angle BAC, equal to it, will be a right angle; thus, in the right triangle BAC, given two sides which contain a right angle, by the first part of prob-

blema 25 del libro cuarto, se hallará el lado opuesto al ángulo recto, o sea EB 36° 12'. Pues si se multiplican los senos (3v) rectos de los complementos de los arcos AB y AC entre sí, es decir 52° 47' 43", que corresponde al seno de 61° 38', por el seno 55° 2' 15" del arco 66° 32', se obtienen 48 primeras de 25 partes 43' 12" 22"', y si se divide este número por el seno entero, (es decir) 60, resultará 48 p. 25' 43" 12"' 22"" cuyo arco es 53° 48', o sea BE, latitud del cometa, y su complemento BC es 36° 12'.

Siguiendo adelante, tomo otro triángulo rectángulo BED, ya que el ángulo E es recto según la 1.ª proposición del 4.° de *Triangulis* y la 4.ª definición (...), pues todo ángulo que resulta del arco tendido desde el polo propio de algún círculo al mismo círculo es recto. Luego, por la segunda parte de la proposición 25 del libro 4.° de *Triangulis,* dados dos lados conocidos, uno contérmino al ángulo recto y otro (4r) opuesto al mismo ángulo, se hallará el lado DE, longitud de la estrella, 36° 27', pues el seno recto del complemento del arco DB 28° 22' que subtiende el ángulo recto E es de 28 p. 30' 24", el cual llevado por todo el seno produce 28 primeras 30 partes 24'; si este número se divide por 35 p. 26' 11", seno recto del arco CB complementario del arco BE, se obtienen 48 p. 16' cuyo arco es 53° 33' y su complementario 36° 27' cuanto es el arco DE, de la longitud del cometa.

He explicado brevemente la demostración del Sr. Tadeo, en la que no hay necesidad de explicar cuánto vale el ángulo ABC, ni cuánto el ángulo BDE, pues sin ello puede obtenerse la latitud y longitud del cometa. (4v) Pero en el cálculo por el que deduce que el cometa culmina en el cielo en el principio mismo de Aries, si no me equivoco, hay un error, pues el día 1.° de enero del año 73 a las 4 h. 30 m. de Viena, según las tablas de conjunción y oposición de los luminares de Peurbach, se ve que el sol estaba en 21° 46' de Capricornio, cuya ascensión recta junto con 67° 30' correspondientes a la hora 4, 30 m. es 361° 1' (o sea) 1° 1', y por lo tanto el cometa mediaba el cielo con 1° 7', poco más o menos de Aries, y según Stadium, seguidor de las *Tablas prutenicas,* mediaba el cielo con 16 m. de Aries; pero es más acertado el cálculo de Peurbach, como puede verse diariamente por la altura dada del ecuador y la altura meridiana del sol, deducida su declinación y (...) (5r) en la tabla de declinaciones. Establezcamos, por lo tanto, que el cometa mediaba el *lem 25 in the fourth book, one will find the side opposite the right angle, that is EB 36° 12'. Then if you multiply the right sines (3v) of the complements of the arcs AB and AC by each other, that is, 52° 47' 43", which corresponds to the sine of 61° 38', by the sine 55° 2' 15" of the arc 66° 32', you obtain 48 prime numbers of 25 parts 43' 12" 22"', and if you divide this number by the whole sine (that is) 60, you will get 48p. 25' 43" 12"' 22"" whose arc is 53° 48', that is, BE, the latitude of the comet, and its complement BC is 36° 12'.*

Continuing on, I take another right triangle BED, where angle E is a right angle according to the first proposition of the fourth chapter of Triangulis *and the fourth definition (...), thus any angle which results from the arc extended from the pole proper of any circle to the same circle is a right angle. Then, by the second part of proposition 25 of book four of* Triangulis, *given two known sides, one coterminus with the right angle and the other (4r) opposite the same angle, we find the side DE, the longitude of the star, 36° 27', as the right sine of the complement of arc DB 28° 22' which subtends the right angle E is 28p. 30' 24", which carried by the whole sine produces 28 primes 30 parts 24'; if you divide this number by 35p. 26' 11", the right sine of the arc CB complementary of the arc BE, you obtain 48p. 16', whose arc is 53° 33' and whose complementary is 36° 27', as much as the arc BE of the longitude of the comet.*

I have briefly explained the demonstration of Mr. Thaddeus, in which it is not necessary to explain the value of the angle ABC, nor of angle BDE, as without it one can obtain the latitude and longitude of the comet. (4v). But in the calculation by which he deduces that the comet culminates in the sky on the same principle as Aries, if I am not mistaken there is an error, as on the first of January in the year '73 at 4:30 in Vienna, according to the tables of conjunction and opposition of the luminaries of Peurbach, we see that the Sun was 21° 46' from Capricorn, whose right ascension together with 67° 30' corresponding to the hour 4:30 is 361° 1' (or) 1° 1' and therefore the comet was halfway around the sky with 1° 7', a little more or less than Aries, and according to Stadium, a follower of the Prussian Tables, *it was halfway across the sky with 16 m. of Aries; but Peurbach's calculation is more accurate, as one can see daily by the elevation given of the equator and the meridian elevation of the Sun, given its declination and (...) (5r) in the table of declinations.*

cielo con 1° 7' de Aries; la disposición de la demostración para buscar la latitud y longitud del cometa será así: AGK como antes, KD y GD como antes, CBED como antes, ABHF el meridiano del ecuador con el que el cometa mediaba el cielo, DF la ascensión recta del cometa, DH la parte de la eclíptica correspondiente a la ascensión recta, FH la declinación de su grado de la eclíptica, FB la declinación del cometa, BE su latitud, EHD su longitud; con esta disposición, el ángulo CAF no es recto sino obtuso, (5v) porque es mayor que el ángulo recto CAD, por lo que no puede investigarse por el problema 25 antedicho la cantidad del arco CB. De donde deduzco que a causa de esto determinó dar a conocer otro comentario más exacto y detallado. Te suplico por ello que saludes en mi nombre al Sr. Tadeo ab Haik y le exhortes a que no desista del trabajo comenzado, teniendo presente aquella sentencia de Salomón: lo que puedas hacer, hazlo sin desmayo, pues los que se van al otro mundo no tienen tiempo ni ocasión; pues su ingenio y sagacidad de viejo, como por las uñas al león, me son bien conocidos, y con no menor empeño te pido que termine la obra comenzada sobre paralajes, pues parece que, en parte, fue tratado por los ma(6r)temáticos antiguos, pero, como suele decirse, no llegaron al colofón.

Me he reservado otras muchas cosas, además de las que he divulgado en este librito, indignado porque a cambio de mis realizaciones no sólo no me han dado las gracias, sino que además he sido rociado de injurias por muchos teólogos, filósofos y palaciegos del rey Felipe, por lo que he decidido λάθειν βιωσαντα (ocultar lo experimentado) y, como dice Horacio, ni las alegrías son sólo para los ricos, ni vivió mal quien en vida y en muerte pasó inadvertido. No quiero irritar más a los abejorros, ni gastaré siquiera un cuadrante en divulgar mis obras, siendo así que ni el rey, instigador para que escribiera el libro acerca del cometa, ni el acompañante se han sacrificado en cosa alguna. (6v) En el futuro invertiré mi dinero mejor de lo que lo hice hasta ahora imprimiendo libros.

Como dice Plinio, no es España ni mucho menos observadora de astros, ni colaboran diligentemente con los matemáticos, sino sólo con las artes mercantiles. Es de imprudentes, más aún, de pródigos querer editar en España algo de matemáticas,

Let us establish therefore that the comet was halfway across the sky at 1° 7' from Aries: the disposition of the demonstration to look for the latitude and longitude of the comet will be thus: CAGK as before, KD and GD as before, CBE as before, ABHF the meridian of the equator with that which the comet crossed the sky half way, DF the right ascension of the comet, DH the part of the ecliptic corresponding to the right ascension, FH the declination of its degree of the ecliptic, FB the declination of the comet, BE its latitude, EHD its longitude; with this arrangement, the angle CAF is not right but obtuse, (5v) because it is greater than the right angle CAD, thus one cannot study by the aforementioned problem 25 the quantity of the arc CB. From this I deduce that because of this he intended to present another more exact and detailed commentary. Because of this I beg you to greet Mr. Thaddeus ab Haik in my name and urge him not to leave off the work he has begun, keeping in mind that saying of Solomon: what you can do, do without discouragement, for those who go to the other world have neither time nor opportunity; for his genius and wisdom of age, as by the claws of the lion, are well known to me, and not with less determination do I ask you to tell him to finish the work begun on parallaxes, as it appears that, in part, it was treated by the ancient mathematicians (6r), but, as they say, they didn't reach the colophon.

I have reserved many other things, besides those I have divulged in this little book, because in return for my efforts not only have I not been thanked, but on the contrary I have been pelted with insults by many theologians, philosophers and courtiers of King Philip, for which reason I have decided to λάθειν βιωσαντα *(hide experience) and, as Horatio says, happiness is not only for the rich, nor does he live badly who in life and in death passes unnoticed. I don't wish to irritate these bores any more, nor will I spend even one coin to publicize my works, since neither the king, the one who instigated the writing of the book on the comet, nor his company have sacrificed a single thing. (6v) In the future I will invest my money better than I have until now printing books.*

As Pliny says, Spain is not much of an observer of stars, nor does she collaborate diligently with mathematicians, but only with the mercantile arts. Only the imprudent, or rather, the prodigal, would want to publish anything on mathematics pues los gastos de impresión son inmensos y los libros no se venden; por lo demás, considérame tuyo afectísimo y como nunca me he ocupado de los beneficios materiales, confía en verdad en que trabajaré para que nuestra amistad se incremente en lugar de languidecer y disminuir.

Vale.

Valencia 13 de Abril

Año 1574

in Spain, as the costs of printing are enormous and the books do not sell; for the rest, consider me your affectionate friend and as I have never concerned myself with material things, trust in truth that I will work so our friendship will grow instead of languishing and diminishing.

Vale.

Valencia April 13

1574

ANTOLOGÍA
ANTHOLOGY

I

DEDICATION

(Letter to King Philip II)

In letters from your majesty's court as well as those from many other places, I am given to understand the great desire many have to know about this new body which has appeared in the sky — whether it is a star, or whether it is a comet; and I see that there are different opinions about this, and doubt about the place where the star is in relation to the longitude of the Zodiac, that is, which sign it is in among those the Sun makes, forming the equinoxes and the solstices; these four points form the Zodiac of the astrologers, according to which in the ephemerides, which the Moors and the Jews call almanac, are the places where the planets rise and set. Others doubt whether this star is in the air or in the body called the sky. Others ask about the significance of this new body. The causes of doubt come from the faith and credence which they place in Aristotle, who with strong words has given them to understand that the sky is by its nature incorruptible, that it is quintessence, that it is not composed of elements — I do not say of matter and form that this is foolishly Aristotelian, but of elements; and contrary to Democritus and Anaxagoras, he does not accept that the stars and the sky emerged from the Chaos which Moses called *Tohu vabohu,* but that they always were and will be, because they are of incorruptible nature, co-eternal with the First Cause. So that, according to Aristotle, the skies and their intelligences are as much eternal causes as the First Cause, and over them none has more power than the Prime Mover, which, as it is on the supreme convex surface of the world, turning the sky from above, it makes the intelligences move and with them the lower orbs know how to move. How much better Plate says it in the *Timaeus,* which portrays God talking with the skies and stars and the intelligences.

... ...

However, he has given them to understand that Comets are formed in the supreme region of the atmosphere and not in the sky, as Democritus and Anaxagoras, philosopher and serious mathematician, accept, and whose opinions on comets were not understood by Aristotle because he was not an astronomer nor did he posess the theoretical basis to understand the doctrine of the Jews and Egyptians, who with subtle demonstrations of geometry and arithmetic and perspective rose to the contemplation of the skies and to an understanding of the governing power they have over the corporal things below. And Aristotle, persevering in his opinion that the skies are eternal, insisted that the comets are in the air, because he saw that if he admitted them into the body of the sky, as if they were fires or flames, he would have had to concede the nature of the skies to be alterable in some parts; although by conceding this he was not forced to grant that at some time they would actually change. Because to the elements he concedes changeability in some parts, but not in their whole body. This has caused some, even seeing by natural reasoning drawn from the properties of this comet — that it is in the sky, that it has the nature of or a relationship with the fixed stars — to be unable to understand what they could see with their own eyes. Therefore, God having had the mercy of giving me a free intelligence, well disposed and prepared to understand any subject and seeing the weakness of Aristotle's arguments whereby he wants to prove the sky eternal, and having observed with instruments the changes there are in the sky [...], I have understood that what he says is false, though it is the common opinion of all people that there has never been any change in the sky, which is why they make it to be eternal. And since I know that it does change, and in it are kindled the comets, I have been forced by natural reasoning and geometrical demonstration to conclude that there are alterations and combustion in the sky.

II (2)

ON THE APPEARANCE OF THE COMET AND ITS DESCRIPTION

I am certain that on November 2, 1572, this comet was not in the sky, because it happens that more than an hour and a half after six in the evening I taught many people publicly in Onteniente to know the stars and there were shepherds who were very knowledgeable about them, who advised me on the eighteenth (of November) that a new star had appeared in the morning. On December 2, I happened to be watching the sky, and I saw near Cassiopeia a star like the Morning Star, and having studied in Albumasar's *De Magnis Conjunctionibus,* I found that he says that the conjunction of the elevations of Mars and Saturn causes many stars, not only the corporal (conjunction), but also the conjunction of their rays. And since their corporal conjunction had occurred on August 7, and their sextile disposition at ten P. M. on November 11, with Saturn in Scorpio in the house of Mars, and Mars in Capricorn, in the house of Saturn and elevation of Mars, it seemed to me that this comet began to form at noon on November 11. I examined this in the light of information given by lime-burners and shepherds above Torrente and verified that they began to see it on November 11 or 12. Its apparent magnitude then appeared somewhat greater than that of Jupiter, which was 59 degrees distant from the comet, and almost equal to that of the Morning Star. Its color was a mixture of almost the color of Saturn, which has a tinge of the color of lead, and that of Mars, which looks like fire, and resembled more the color of Mars. It seemed to shimmer more like a fixed star. It made an almost rhomboid figure with the highest and largest stars of the constellation Cassiopeia, which was moving towards the East, from the image of the Swan (Cygnus), where the branch of the Milky Way or the Road to Santiago originates. The figure has this form.

Southern part
*

* *

C Constellation of Cassiopeia
*

* B
*   *

D   East
West

Northern part
A *

A is the Comet, B a third magnitude star of Cassiopeia, C a star of almost the same size which with the Comet almost divides the sky, D a third magnitude star, the highest in Cassiopeia's court. Side AB of the rhombus equals 5° 10', BC is 4° 55', CD is 5°, DA is 5° 20'; the diameter AC of the rhombus is 7° 50', and the other diameter DB is 6° 15'. From the Comet to the polar star there are 26 degrees, 40 minutes. The highest elevation of the Comet above the horizon (in Valencia, whose northern elevation is 39° 30') is 67° 30'. Its lowest elevation is 11° 30'. The apparent declination of the comet is 62° to the north, which is proved thus: take the comet's highest elevation, which is 67° 30', subtract its lowest elevation, which is 11° 30', leaving 56° which equals the greatest diametric arc of the circle, or rotation, that the comet makes around the true pole; half of this is 28°, therefore the apparent place of the comet is distant by this amount from the true pole. Subtract the 28° from the pole to the comet from the 90° from the pole to the equinoctial and you are left with 62° in which the comet declines from the equinoctial to the Arctic pole.

III (5)

IN WHICH WE PROVE THAT THE STAR APPEARING IN THE SKY IS NOT A FIXED STAR, NOR A PLANET, BUT A COMET

The star visible is of first magnitude and even bigger than Canis Major, which is the largest first magnitude star of those which appear in Spain, and in the part where it has appeared, which is between the constellations Cassiopeia and Cepheus, the largest stars found are of the third magnitude. Therefore it is not one of the fixed stars which have previously appeared in the sky. And if any insists that over the visible body of this star there is some invisible fixed star, which by attracting vapors or elevated exhalation, has become magnified in such a way as to make this body visible, we will disprove them thus, whether this vapor is supposed to be in the body of the sky or below, in the Moon's sky. If it is in the body of the sky, then one must concede that the sky admits new bodies and new features, because this vapor was kindled and burned again within the sky; accordingly there would be no difference between the body of the sky and the body of the atmosphere. Furthermore, if it was in the sky, how could it be possible for it to follow so closely the movements of the star which attracted it, covering different orbs and their different movements, as the Aristotelians would have it? Thus, according to common opinion, if there are orbs and they have discrete movements, either such a vapor must arise from the earth and the orbs must make way for it, or this new augmentation has to originate in the sky of the fixed stars out of the sky's substance, making the new body visible; from this we would have to conclude that there are innovations, additions and alterations in the sky, which the Aristotelians deny, because they think there has never been any change, addition or alteration in the sky. We must conclude then, according to them, that it is not a celestial body, nor a fixed star, but a vapor below in the Moon's sky; and if we put the element of fire above the air, we have to concede that this vapor is not in the fire, because then it would have burned up and would not have been able to last so long (leaving aside the possibility that even if it had been able to last, it would not have been able to follow the movement of the star for such a long time); so by this reasoning, according to the Aristotelians, it has to be a Comet and not a fixed star. And even more so because when it began to be visible, it looked larger than Jupiter, and now, on January 7, 1573, it already looks smaller than Jupiter; this could have happened because it had risen higher than where it was when it first appeared, and things which move further away from the eye appear smaller because they are seen at a lesser angle. But if this is what occurred, we would have to say either that it had risen much higher than the supreme region of the air, because the proportion of the apparent magnitudes of the body would indicate that it has risen more than twice as high as it was at first; or we could say that is moves like the planets, which sometimes are very near the earth, at other times very remote, and therefore sometimes appear larger than at other times. But one cannot say either of these things. The first is false because the comet has always maintained the same distance from the stars of Cassiopeia, and traversing the air of the third region circularly, as they say, it would not have risen in a straight line. The second is false because the planets, when at the same longitude of the Zodiac, as this star is, appear neither larger nor smaller, but always the same. Thus one must conclude that if it appears smaller it is because it keeps breaking up and disintegrating, for which reason it is not a fixed star. Nor is it a planet, because the planets move within the Zodiac, and this body is far from it — 40° 37′ at the least, as its northern latitude is 53° 36′ and it does not rise over the horizon like the planets, but always moves around the pole, above the horizon. Those who deem it a new star suspect this, as it appears to them to be in the starry sky because it shimmers like the fixed stars, which Aristotle said shimmer because they are far away. This is a partial cause, but it is not enough because Mercury shimmers and as such is called *Stilbonta.* And Comets shimmer, throwing off rays like hairs, and also planets running strongly before the north wind or another wind from above. Therefore shimmering is not a cogent argument to prove it is a star. Better is the argument to prove it is a comet, seeing that it arose near the Milky Way, which is the place comets usually arise, and seeing that it continues to disintegrate.

IV (12)

OUR COMET HAS NO PARALLAX

Our comet revolves in the north from the Zenith toward the northern horizon and has two meridian elevations; the maximum is 67° 30′ and the minimum, 11° 30′. Together these make 79°, which is double the northern elevation of Valencia. Therefore, if from its two elevations one finds the true northern elevation, the two elevations are true and not apparent, because if the (Comet) had parallax the two elevations would be apparent and less than the northern elevation; therefore there is no parallax, as you can see in this figure.

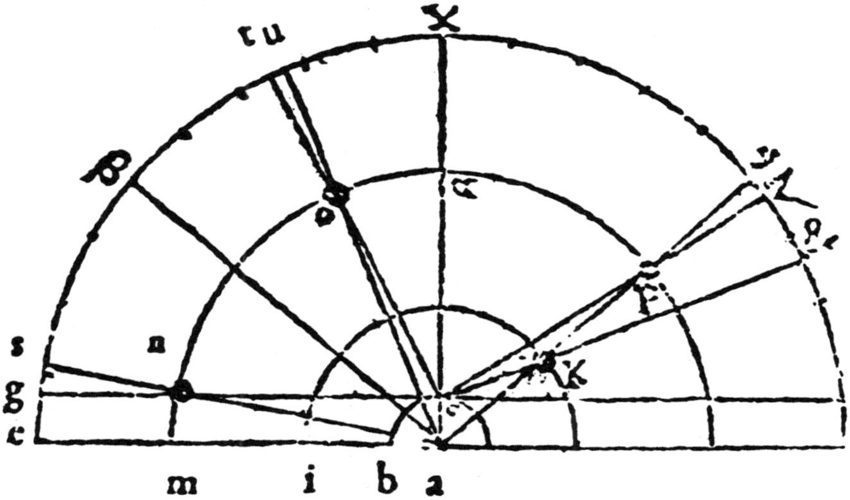

Since the northern elevation of Valencia is *eβ*, if the comet at point *o* had parallax its elevation *et* would be apparent. And the true elevation *eu* would be greater than *et*, and its lesser elevation would be *eg*, apparent, and the true one *es* greater than *eg*. If you join the two arcs of the apparent elevations *et* and *eg* you will find them to be less than the two true elevations, *eu, es,* by the amount of the two parallaxes *gs, tu.* The two arcs *eu, es,* are always equal to twice the northern altitude, therefore in our comet there are no apparent elevations different from the true ones, by which reasoning it has no parallax. Secondly, when our comet is at an altitude of 67° 30′, it is 26° 40′ distant from the Polar star; when it is at an altitude of only 11° 30′ it is the same distance away — 26° 40′. Therefore its apparent place is the same as the true one and it has no parallax because if it did, its true place, when it was low, would be higher than its apparent place, and its apparent place would have to be lower than that of the star, whose place is true, in the amount of the parallax. Third, imagine a cross whose center is the north, and which from head to foot casts a ray, and from the right arm northward to the left arm casts another; this would divide the comet's circle into four quarters; in the two superior ones the comet would have to have lesser parallaxes than in the two inferior ones. Therefore it would have to pass much more rapidly through the two lower quarters than through the two higher ones; but we see from observation that it is in each quarter for exactly six hours; therefore it follows that it has no parallax.

V

PROGNOSTICATION OF THE NEW COMET

Our comet is neither eastern, nor western nor is it at the angle of the king's birth; therefore (according to Ptolemy) it does not portend the death of the king. It appeared at 7° 48′ from Taurus, by which it portends (according to Albumasar) war, captivity, mortality (in the parts subject to Taurus and in its triangle), dry pains, scabies, itching, the death of oxen and livestock, and some mines will cease to be worked or will cave in or the mountains they are on will burn; furthermore it portends cruel freezing weather (from which will follow loss of livestock, as well as from the great heat and fire it predicts in summer) and rotting of fruits and grain and little cultivation and care in planting and seeding the fields. Since this Comet is immobile, because it does not leave the place in the starry sky where it originally appeared, it portends civil wars in northern parts from 57° to 67° northern elevation.

In the regions subject to the sign of Taurus, it will have a greater impact, and these are the lands of the Parthians, Medes and Persians, and on the Cyclades Islands, which are in the Aegean Sea, which they call the Archipelago, near the isle of Delos, now called Sdile, and on the Isle of Cyprus, and in the maritime parts of Asia Minor, called Anatolia, and in the lands of Egypt and greater Poland and White Russia, and in the part of France called Champagne and in Switzerland and in Lorraine and Franconia and Ireland and part of Sweden.

Cities subject to Taurus are Bologna, Siena, Pistoia, Verona, Salerno, Senigallia, Capua, Brescia, Treviso, Palermo, Narbonne, Constantinople, Thüringen, Lucerne, Würzburg, Metz of Lorraine, Capo d'Istria, Quezha, Bosnia, Novgorod, Nancy, Burgos, Astorga, Toro, Badajoz (or Elvas), Jaén, Gerona, Huesca.

It will also have an impact on lands subject to Virgo and Capricorn, signs in the same triangle as Taurus, and to those under Scorpio, which is its opposite, because the conjunction of Saturn and Mars occurs in Scorpio, and Saturn is still in Scorpio.

Ptolemy says, because the comet appeared in Taurus, it will do more harm to four-legged animals than to man, and because Taurus is a strong northern sign, it portends an earthquake and fallen houses.

Since the comet is attached to Cassiopeia, a heavenly Constellation, it portends worse to important men than to others. Since it neither rises nor sets, it will cause harm all the time it lasts, and it portends worse from April 18 of this year, because the Sun will then enter into the eighth degree from Taurus, where the comet arose, and will then awaken its power.

This is what I find written by serious authors, whom one need not believe thinking it has to be thus; but many times their prognostications have been correct. Thus we should not underrate what they have written for us. God is the creator of the stars and comets and He moves them according to His will and He gives or stops or suspends their powers when He so wishes.

Albertus Magnus said, on the authority of St. Damascene, that many comets arise which portend the death of kings, and these are not in the number of stars that where created at the beginning; but God in His divine power has destined them to appear and disappear at certain times.

FACSÍMILES

FACSIMILES

Jerónimo Muñoz

LIBRO DEL NUEVO COMETA

(Valencia, Pedro de Huete, 1573)

Reproducción en facsímil del ejemplar existente en la Biblioteca Pública de la Casa de la Cultura de Valencia (Biblioteca Nicolau Primitiu)

Libro del nueuo Cometa, y del lugar donde se hazē; y como se vera por las Parallaxes quan lexos estan de tierra; y del Prognostico deste:

Compuesto por el Maestro Hieronymo Muñoz Valenciano, Cathedratico de Hebreo y Mathematicas en la Vniuersidad de Valencia.

EN VALENTIA,

Impresso con licencia en la officina de Pedro de Huete, en la plaça de la hierba. 1573.

A LA S.C.R.M. DEL REY DON PHILIPPE II. EL MAESTRO HIERONYMO MUÑOZ CATHEdratico de Hebreo y Mathematicas en la Vniuersidad de Valencia.

ASSI por cartas dessa corte de V.M. como de otras muchas partes, tengo entẽdido el desseo grã de que muchos tienen de saber este nueuo cuerpo que apparece en el cielo, si es estrella, o si es Cometa: y que hay differentes opiniones acerca desto, y dudan del lugar donde esta estrella esta quanto a la longitud del Zodiaco: que es, en que signo esta de los que haze el Sol, haziendo los Æquinoctios, y los Solsticios: de los quales quatro pũtos nace el Zodiaco de los Astrologos, segun el qual en las Ephemerides, que los Moros, y Caldeos llaman Almanach, se ponen y assientan los lugares de los Planetas. Mas dudan si esta estrella esta en el ayre, o en el cuerpo que llaman cielo. Mas piden la significacion deste nueuo cuerpo. Las causas de dudar toman las de la fe y credito que dan a Aristotil, el qual con agudas palabras les ha dado a entender, que el cielo es de su naturaleza incorruptible, que es quinta essencia, que no esta compuesto, no digo de materia y forma, q̃ esto es de necios Peripateticos pero de elementos: y cõtra Democrito y Anaxagoras no quiere, que ayan salido las estrellas, y el cielo del Chaos, q̃ Moysen llamo Tohu vabohu, sino q̃ siẽpre fueron y seran: porq̃ son de su naturaleza incorruptibles, coeternos con la primera causa. De suerte que segun Aristotil, los cielos y sus intelligencias son tan eternas causas como la primera: y sobre ellas no tiene mas poder, q̃ de primer mouedor, el qual como este en la suprema cõuexa haz del mũdo, dãdo la buelta al cielo de arriba, haze que las intelligencias mueuan, y con el entiendan en mouer los orbes inferiores. Quanto mejor dize Platon en el Timeo, que propone a Dios hablando con los cielos y estrellas, y las intelligencias.

Dij deorum, quorum opifex ego, & pater sum, hæc attendite: quæ à me facta sunt, me ita uolente indissolubilia sunt. Omne siquidem, quòd uinctum est, solui potest: sed mali est, quòd pulchrè compositum est beneq; se habet, uelle dissoluere. Quapropter, quia generati estis, immortales quidem & indissolubiles omnino non estis, nec tamẽ unquam dissoluemini, nec mortis fatum subibitis. Nam uoluntas mea, maius præstãtiusq; uobis est uinculum ad uitæ custodiam quàm nexus illi, quibus estis tunc, cum gignebamini, colligati.

Mas les ha dado a entender los Cometas hazerse

en la

en la ſuprema region del ayre y no en el cielo, como quiere Democrito y Anaxagoras Philoſopho, y Mathematico grauiſsimo: cuyas opiniones quanto a los Cometas no entendio Ariſtotil por no ſer Aſtronomo, ni tener principios para entẽder la doctrina delos Chaldeos y Egypcios: los quales con ſubtiles demonſtraciones de Geometria y de Arithmetica, y de Perſpectiua ſe ſubieron a la contemplacion de los cielos, y a entẽder el gouierno, que tienen ellos ſobre las coſas corporales de aca baxo. Y perſeuerando Ariſtotil en ſu opiniõ que los cielos ſon eternos; ha porfiado eſtar los Cometas en el ayre: porq̃ veya q̃ ſi los recebia dẽtro del cuerpo del cielo, como ellos ſean fuegos, o llamas, era neceſſario conceder los cielos de ſu naturaleza ſer corruptibles ſegun algunas partes; aunq̃ concediẽdo eſto, no era forçado a otorgar, que algun tiempo ſe corromperian. Por que en los elementos concede corrupcion ſegun algunas partes: pero no ſegun todo el cuerpo dellos. Eſto ha cauſado, que viendo aun por razones naturales ſacadas de las propriedades deſte Cometa, q̃ el eſta en el cielo, y tiene naturaleza, o parenteſco con las eſtrellas fixas, no han podido entender lo que con los ojos pudieran ver. Por tanto hauiendome hecho Dios merced de darme ingenio libre, biẽ inclinado, y aparejado para entender qualquier facultad, viendo la flaqueza de las razones de Ariſtotil, cõ que quiere prouar ſer el cielo eterno, y hauiendo obſeruado con inſtrumentos las mudanças que hay en el cielo, como ſon, la irregularidad de los mouimientos y reuoluciones particulares de cada vno dellos: y viendo que las reuoluciones dellos no ſon yguales, y que los lugares de las eſtrellas ſe han mudado deſygualmente, y que las maximas declinaciones del Sol (que penſauan ſer inmudables) ſe han mudado, y que los Apogeos y Perigeos de planetas (que ſon los puntos de la maxima y minima diſtancia dellos haſta la tierra) de tiempo de Ptolemeo haſta agora ſe han mudado en mas de. 26. grados, y eran tenidos por immudables. Viendo que los años ſe hazen menores de lo que ſoliã ſer, como por inſtrumentos ſe puede ver: he entẽdido, que es falſo lo que dize, que es comun opiniõ de todas las gentes que nũca ha hauido en el cielo mudança alguna: por lo qual los haze eternos. Y pues ſe q̃ hay en ellos mudança, y en ellos ſe encienden los Cometas, he ſido forçado por razones naturales, y demõſtraciones Geometricas cõceder que hay en el cielo corrupciõ y incẽdios. Por lo qual los Stoicos penſaron que el mundo es corruptible, y q̃ a la fin ſe hara tranſmutacion del mundo por fuego, ſegũ eſcriue Galeno de hiſtoria philoſophica cap. 29. Beda Anglo Saxon ſiente, las aguas q̃ eſtã ſobre el cielo auerlas pueſto encima Dios, para templar el fuego de las eſtrellas y Cometas. Y porq̃ para ver quãto hay de la tierra a cada cuer po q̃ aparece debaxo del Sol, tenemos vara para medir, q̃ es el Semidiametro de la tierra: y medio para ſeruirſe deſta vara, q̃ es la Parallaxis, q̃ cauſa el tamaño del Semidiametro de la tiera. Por tãto para dar mejor a entẽder como eſte Cometa eſta enl cielo, he dado reglas para q̃ cõ inſtrumẽtos ſolos ſe pueda hallar, quãta Parallaxis tienẽ, porq̃ cõ ella ſe cõcluye por la doctrina de los triangulos, quãto ellos eſtẽ apartados de la tierra. Biẽ ſe que Ptolemeo enſeña como ſe hallo la Parallaxis enla Luna, pero veo q̃ ſe ſirue delas tablas delos mouimiẽtos, y latitudines de la Luna, y anſi los interpretes del enſeñan hallar la Parallaxis. Pero no pareciẽdome q̃ vá por ordẽ natural, por tanto he dado cũplida demõſtraciõ, para hallar en qualquier cuerpo la Parallaxis: y por ella ſin tablas hallar el verdadero lugar del: quãto ala declinaciõ, latitud y lõgitud. Coſa importãtiſsima para hallar las lõgitudines de las tierras, y ſino fuera porq̃ deſſeo ſeruir à V. M. no ſe eſtãpara, ſino ſe quedara para herẽcia de mi hijo. En lo demas del Prognoſtico de las ſignificaciones del Cometa. V. M. ſepa, q̃ no es burla lo q̃ eſcriuen los Philoſophos y Aſtrologos dela ſignificaciõ dellos. Porq̃ ellos ſon verdaderamẽte fuegos y llamas, q̃ ſe hazẽ enel cielo: y por los archiues de las hiſtorias delos Cometas paſſados, ſe puede ver, como dizen los Poetas, *Quod nunquam ſpectati ſunt impunè Cometæ, & nunquam futilibus incanduit ignibus æther.*

No quiero ser prolixo a cerca de la parte de la Astrologia judiciaria, sobre lo qual tēgo escrito vn libro, *An Stellæ aliquid agāt in hec inferiora, et quæ sint effecta Stellarū.* Notorio es, que el hombre no es solo entendimiento y voluntad, sino que hay en el potēcias naturales, organos corporales, sentidos, en lo qual no differe de las bestias: y quanto a esto esta subjecto al Sol y la Luna y a las Estrellas y Planetas, que tienen proximo poder en el ayre, y causan las mudanças del, en el qual esta mos, biuimos y nos mouemos: como señala Arato diziendo, en todas maneras nos seruimos todos del ayre. Y nuestro cuerpo es inspirable y expirable, como dize Hippocrates: Y por consiguiente siendo subjectos a las mudanças del ayre, seremos subjectos a los autores de las mudan ças del. Y porque segun las complexiones de los cuerpos, ansi son las naturales potencias, o impotencias dellos: Y los que no vsan como deuen de la razō, siguen sus appetitos, que nacen de las complexiones: por tanto no es marauilla que diga Galeno, *Animi mores corporis temperaturam sequuntur.* Y no es de espantarse que esten indirectamente el entendimiento, que es agente natural, y la voluntad que tiene por guia al entendimiento, subjectos a los cursos delas estrellas: No por que ellos de su naturaleza esten debaxo delas estrellas, sino porque los hombres oluidando se de su nobleza y libertad, se hazen sieruos de

los

los ſentidos y appetitos beſtiales. Quitãdo pues la neceſsidad fatal, no hay duda, ſino que tienen gran dominio las eſtrellas ſobre todo lo corporal, quedando empero como tengo dicho el hõbre en ſu libre aluedrio. Porque como dize Euripedes, *Sunt opus artificis ſapientis ſidera* Dei. Y como dize ſanct Dionyſio, es tan ſabio Dios, que gouierna las coſas baxas por las medias, y eſtas por las ſupremas. V. M. reciba de buena gana eſte pequeño ſeruicio, que otras coſas hay mas importantes, en que le podremos ſeruir.

Capitulo primero,

De la variedad y generos de Estrellas.

Muchos acostumbrados de uer la hermosura del cielo, y la gran uariedad, y muchedũbre desygual de las Estrellas, que en el cielo se ueen, por la grã desygualdad que hay entre ellas, y por los differẽtes mouimiẽtos y figuras q̃ hazẽ entre si, aunq̃ no son Mathematicos, hallã que enel cielo hay dos generos de estrellas: las unas son fixas, las otras son errãtes, o uagabundas, que llamarõ poresso en Griego Planetas. Y entre todos los mas principales y auentajados ueẽ que es el Sol, y la Luna: y porque son quanto a la uista de mayores cuerpos, y mas lumbre, les llamarõ luminaria, o lumbreras: los quales son uisibles gouernadores y auctores de los tiẽpos. Mas uieron q̃ a estos dos suelẽ acõpañar dos estrellas: al Sol antes de salir por la mañana, yendo antes del, a la Luna yẽdo se a poner debaxo tierra, le siguen muchissimas uezes dos estrellas, luego despues de las cõjunctiones della cõ el Sol: la mayor dellas llamã Luzero: si sale antes del Sol, es luzero de la mañana: si se pone en la tarde despues del Sol, llamã luzero de la terde, y es el Planeta Venus: el qual por la mañana se llama Lucifer, y por la tarde Hesperus: este lo mas que se puede apartar del Sol es. 47. grados.

el otro

El otro acõpañador, o escudero, o alabardero del Sol, es menor en luz y cuerpo aparente, y lo mas q̃ se puede apartar del Sol son de. 27.a.28.gra. y llamã le Mercurio. Mas hallan otra estrella grande, la qual ordinariamente en cada signo esta un año, y no es acõpañadora ordinaria del Sol porque no le tiene el respecto que Venus, y Mercurio, los quales tienen espacios determinados, fuera de los quales no pueden apartarse mas del Sol: pero esta puede estar contraria al Sol, y llamanla el Lazero del Boarizo, y en Latin Iupiter. Allende destas tres estrellas, hallan una muy perezosa que esta ordinariamẽte en cada signo dos años y medio, de color de plomo, y llamanla Saturno. Mas hay otra rutilante y ardiente como fuego, la qual esta dos meses en cada signo, y llamãla Marte. Estas cinco, que son Saturno, Iupiter, Marte, Venus, Mercurio, por que no tienẽ cierto mouimiento, como el Sol y la Luna, que siempre uan adelante, por que algunas uezes uan atras, llamã Planetas, o uagabundos, porque uer les han, que uan en alcance de alguna estrella fixa, y se juntan con ella, y passan adelante della, caminando hazia leuãte, y despues estan quedas, y despues buel uen atras boluiendo se ayuntar con la estrella, caminando hazia al poniẽte. Estos cinco planetas no guardan una misma figura, y distancias con las estrellas fixas, y en las alturas del norte, hasta. 59. gra. y medio, cadal dia suben por leuante, y baxan por poniente. Allende destas siete, hallan en el cielo. 1022. estrellas fixas, que no tienen mouimiento particular, sino que siẽ pre estan unas de otras en yguales distancias, lo qual co nocen. por lineas rectas, notando tres, o mas estrellas que esten en una linea recta, de las quales ha notado Hipparcho muchas lineas: en las quales lineas rectas 285. años despues del hallo Ptolemeo, que estauan las mismas estrellas. Y yo 1715. años, despues de Hipparcho, he hallado las mismas estrellas en las mismas lineas rectas, en que entonces estauan. Conocenlo tābiē por las distācias dellas cōfiguraciones, o ymagines q̄ ellas hazen entre si, como el quadrilatero del Pegaso siempre ha estado y estara de una misma suerte. Y el quadrilatero del Orion (dentro del qual estā los bastillejos, o estrellas llamadas los Bordones de Sanctiago) siempre han estado las estrellas en unas mismas distancias, como por la ballestilla, o radio astronomico se puede uer. Estas estā repartidas en seys grādezas: de la primera hallan. 15. que son. La estrella que esta en la postrera parte del agua. en la boca del pescado austral. La del ombro del Orion. La del pie ezquierdo del Oriō. La postrera dela ymagen del rio. La de la boca del Can mayor. La que esta en las espaldas del Can menor. La que esta en el timon de la naue Argos, llamada Canobus: la qual no se uee en España. La del cabo delātero del pie yzquierdo del Centauro. Estas ocho estan enla mitad del cielo de la parte de medio dia. En la parte Septētrional, de la primera grādeza hay. La del muslo de Bootes llamada Arcturo. La Lyra, o buytre cayente. La del carretero llamada cabra, o cabron. La del ojo del Toro. La del coraçon del Leon,

que

que llaman Basiliscus. La del cabo dela cola del leon, La espiga de la uirgen. Mas de la segunda grandeza hay. 45. de la tercera hay. 208. estrellas, de la quarta hay. 474. de la quinta. 217. dela sexta hay 49. estrellas. Mas hay nueue escuras y nebulosas, porque hazē manchas, o cataratas en la uista, que son por todas 1022. Las otras que quedan no son conocidas por effectos particulares. Las latitudines dellas nunca se han mudado. Las longitudines he hallado mas adelante, de lo que noto Ptolemeo, hecha obseruaciō, el postrer dia del año. 1570. en. 21. gr. 37. mi. 53. seg. 6. ter. la qual quātidad, si añadieres a las longitudines, q̄ noto Ptolemeo, hallaras los uerdaderos lugares dellas segun la longitud para el año. 1570. cōplido, si las longitudines de Ptolemeo son uerdaderas: y para de ay adelante en 66. años Romanos, seys minutos de año, 26. seg. 12. ter. caminan hazia al leuante todas juntas un gra. y en cada año andan. 54. seg. 8. ter. Las declinaciones dellas hallaras mudadas, por lo qual las longitudines necessariamente se mudan. Pero por el segundo problema de las tablas de las directiones de Ioā de Mōteregio por la latitud y longitud dellas se sabran.

Capitulo. 2. De la apparicion del Cometa, y descripcion del.

SOy cierto que el segundo dia de Nouiembre. 1572. no hauia este Cometa en el cielo: porque de proposito mas de hora y media despues de las seys dela tarde, enseñe en Hontiñente a muchas personas publicamente

mente, a conocer las estrellas, y hauia pastores muy exercitados en ellas, los quales me auisarõ a los. 18. que por la mañana aparecia una nueua estrella. A los dos de Deziẽbre, de proposito mirando el cielo, uide cerca de la Caßiopea una estrella, como el Luzero, y hecho estudio en Albumazar de Magnis coniunctionibus, halle que dize, que la conjunction de Marte y Saturno en sus exaltaciones causan muchas estrellas: no solo la corporal, pero aun la conjunction de los rayos dellos. Y hauia sido la conjunction corporal dellos, a 7. dias de Agosto: y hauiendo aspecto sextil dellos, a los. 11. dias. 22. horas de Nouiembre, estando Saturno en Scorpion, casa de Marte: y Marte estando en Capricorno, casa de Saturno, y exaltacion de Marte, me parecio que este Cometa començo a hazerse a los 11. dias. 22. horas de Nouiembre. Examine esto por relaciones de calcineros, y pastores q̃ estan sobre Torrẽte, y auerigue, que a. 11. o a. 12. de Nouiẽbre la començarõ a uer. La magnitud aparẽte del parecia entõces algo mayor que la de Iupiter, que distaua del Cometa 59. gra. y casi ygualaua con la del luzero, que por la mañana aparecia. El color del era mezclado casi del color de Saturno, que tira algo al del plomo, y del de Marte, que parece fuego, y allegaua mas al color de Marte. Mas parecia scintillar como estrella fixa. El hazia una figura quasi rhombo con las tres estrellas mas altas y mayores de la constellacion de la Caßiopea la qual esta yendo al leuãte, de la imagen del Cygno, o Cisne, de donde sale el ramal de la uia lactea,

o del

o del camino de Sanctiago: la qual figura era desta suerte.

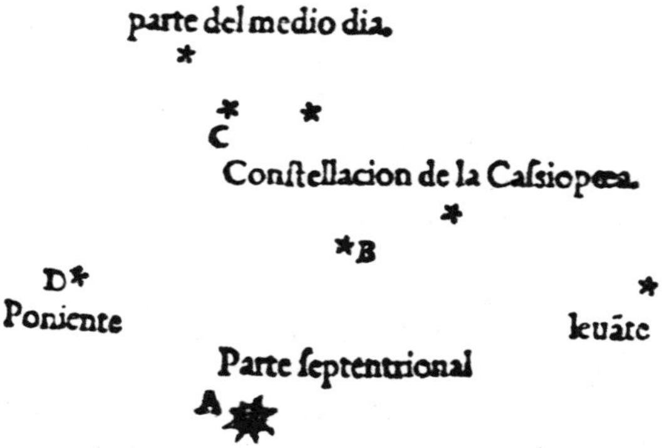

A es el Cometa. B estrella de la tercera magnitud de la Caßiopea. C estrella quasi de la misma grãdeza, cõ la qual quasi mediaua el cielo el Cometa. D estrella dela tercera magnitud, la mas alta del tribunal dela Cassiopea. AB. lado del rhõbo, uale. 5. gra. 10. mi. BC uale. 4. gra. 55. mi. CD. uale. 5. gra. DA uale. 5. gra. 20. mi. AC diametro del rhombo, uale. 7. gra. 50. mi. DB. el otro diametro, uale. 6. gra. 15. mi. Del cometa a la estrella polar hay. 26. gra. 40. mi. La mayor altura del Cometa sobre el Horizonte (en Valencia, que tiene altura del norte de. 39 gra. 30. mi.) es de. 67. gra. 30. mi. La menor altura del, es de. 11. gra. 30. mi. La declinacion del Cometa aparente, es de. 62. gra. hazia el norte, lo qual se prueua ansi. Saca de la mayor altura del Cometa, que es de. 67. gra. 30. mi. La

menor

menor altura del, que es de. 11. gra. 30. mi. y quedan 50. gra. que vale el arco mayor diametral del circulo, o buelta, que haze el Cometa al derredor del uerdadero polo, cuya mitad, es de. 28. gra. tanto pues esta apartado el lugar aparente del Cometa, del uerdadero Polo. Saca. 28. gra. que hay del polo al Cometa, de 90. gra. que hay del polo a la equinoctial, y quedar te han 62. gra. en que declina el Cometa de la Equinoctial hazia al polo arctico.

Capitulo. 3. de la latitud y longitud apparente del Cometa.

A Dos dias de Deziembre, y a los. 17. halle que mediaua el cielo el Cometa, por la parte de arriba del meridiano, estãdo el Hirco, o Cabra, estrella, de la primera grandeza, en altura de. 40. gra. hazia la parte de leuante, que (eran a los. 17. de Deziẽbre, estãdo el Sol en. 6. gra. 28. mi. de Capricorno) las. 5. horas, 53. mi. de lo qual se concluye, que mediaua el cielo con 1. gra. 41. mi. del signo de Aries, cuya ascension recta es de. 1. gra. 33. mi. Con la declinacion del Cometa de 62. gra. y con la maxima del Sol que es de. 23. gra. 30. mi. por el 20. problema del instrumento primi mobilis de Ioãnes de Monteregio, hallaras que el angulo, q̃ hazia el Meridiano con la Ecliptica, quando el Cometa mediaua el cielo superior, ualia quasi. 66. gra. 30. mi. y por el 55. problema del mismo, hallaras que tenia de latitud septentrional apparente. 53. gra. 36. mi. De lo qual se concluye, por el mismo Problema, que el Cometa, de longitud apparẽte estaua en el. 7. gra. 48. mi.

mi del signo Tauro, en el qual lugar ha estado siepre: porque ha estado siempre en yguales distancias de las tres sobredichas estrellas de la Caßiopæa.

Capitulo. 4. de los verdaderos lugares y apparentes de lo que se vee sobre tierra, y de la Parallaxis.

EL uerdadero lugar de las cosas que apparecen en el cielo, o ayre, es differente del lugar apparente dellas, si estan abaxo del lugar donde esta el Sol. Y si estan encima del Sol, el lugar apparēte es el mismo que el lugar uerdadero dellas. La causa dello es. Consta de lo que demuestra Ptolemeo en el primer libro de la magna construction, que el centro de la tierra es centro de todo el uniuerso, y del cielo, o lugar donde estan las estrellas fixas. Y consta de la definicion del Diametro (que es raya que passa de una parte de la circunferencia del circulo por el centro hasta la parte cōtraria) que solo el Diametro del circulo le parte en dos partes yguales, y que qualquier otra raya que se tira dentro el circulo, fuera del centro, le parte en dos partes desyguales. Applicando esto al circulo del cielo de las estrellas, sola la raya que passaria del cielo de las estrellas por el centro de la tierra, hasta la parte cōtraria del cielo de las estrellas, dexaria sobre el centro de la tierra, la una mitad del cielo de las estrellas, y la otra mitad abaxo, y todas las otras rayas derechas tiradas del cielo de las estrellas, fuera del centro, partirian al dicho cielo en dos partes desyguales, y si se tirassen encima del centro de la tierra hazia el Zenit, dexarian sobre si menor parte que abaxo. Y pues tengo demõstrado en otro tratado, que qualquier grado de latitud de la tierra uale. 18. leguas, y que toda la redõdez de la tierra uale. 6480. leguas, y que hay de la cara de la tierra hasta el centro della, quasi. 1032. legu. porque de la circũferencia del circulo al diametro, la mas allegada a razõ, es la proporciõ de. 22. a 7. Siguese de esto, que el ojo que esta enla cara dela tierra, no podria uer del cielo estrellado la mitad sino menos, hauiendose de quitar lo que responde en el cielo estrellado a la raya perpẽdicular, que hay dela cara dela tierra hasta el cẽtro della. Pero porque toda la tierra es como un puncto acõparada con el cielo de las estrellas, como demuestra Ptolemeo, por tanto acontece, que los que estã sobre la tierra, uean partilmẽte la mitad del cielo estrellado: lo qual se demuestra por una regla assentada a niuel, que un cabo della uaya al drecho leuãte, y el otro cabo al drecho poniente: ha se de mirar una estrella q̃ suba por leuante, y al momento se ha de uer otra que baxe por poniente: cõplidas. 12. horas uera que al momẽto que sube por leuãte la estrella que se puso por poniente, baxara la estrella, que antes uido subir por leuante. Luego para el que esta encima de la tierra, se uee la mitad del cielo estreellado, y la otra mitad queda escondida debaxo la tierra. Y aun que la tierra es como puncto, acomparada con el cielo de las estrellas, los uerdaderos lugares de las cosas, que apparecen en el ayre, o en el cielo, se determinan por rayas tiradas del centro de la tierra por medio dellas hasta el cielo de las estrellas. De suerte te que el uerdadero lugar dellas es el puncto del cielo estrellado, en que para la raya tirada del centro de la tierra por ellas. Y el lugar apparente es el puncto del cielo estrellado, a donde para la raya tirada de la uista, que esta encima de la tierra, por medio de la cosa, que se uee en el ayre, o en el cielo, hasta el cielo de las estrellas. Desto se sigue pues esta mas alta la cara de la tierra, que el centro della, que el lugar apparente siempre es mas baxo que el uerdadero: Y que en todo cuerpo que appareciere en el ayre, o en el cielo, si para la distancia que hay de la cara de la tierra hasta el, lo que hay de la cara de la tierra hasta el centro della, no tuuiere proporcion sensible, que sera un mismo lugar el uerdadero del, y el apparente, y que por instrumentos no se podra hallar, quanto dista el lugar apparente de tal cuerpo del uerdadero: porque para tal distancia, la tiera es como puncto. Y ansi mismo hallamos por experiencia, que toda la tierra para la distancia, que hay hasta Saturno, y Iupiter, y hasta Marte, y hasta el Sol, es como un puncto: porque en los circulos, que estas estrellas hazen, uemos que la mitad punctualmēte queda sobre la cara de la tierra, y la otra mitad queda a baxo. Del Sol se prueua en los dias de los Equinoctios, en los quales doze horas punctualmente esta sobre la tierra, y otras doze horas esta debaxo. De suerte que para las distācias del Sol, Marte, Iupiter, y para las de Saturno, y para las de las estrellas fixas, la tierra es como puncto, y el mismo lugar es *el apparente, que el uerdadero dellos. Y tan altos estaran para el que estuuiere en la cara de la tierra, como para al que estuuiere en el centro della: y ansi quando se toman las alturas dellas sobre el Horizonte se presupone, que el centro del instrumento este en el centro del mundo. Pero si los cuerpos que apparecen, estan abaxo del Sol, y lo que hay de la cara dela tierra hasta el centro della, tiene sensible proporcion con la distancia, que hay del centro de la tierra hasta ellos: los lugares apparentes dellos son differentes de los uerdaderos dellos, y ansi las alturas dellos apparentes, siẽpre son menores que las alturas uerdaderas dellos, las quales se determinan por las rayas tiradas dẽde el centro de la tierra por medio dellos: y son las alturas uerdaderas dellos, los arcos que hay dẽde el uerdadero Diametro del cielo estrellado, subiendo hasta el uerdadero lugar dellos. Y las alturas apparẽtes dellos son arcos dẽde la raya tirada por la cara de la tierra, la qual es equidistante con el uerdadero Diametro del mundo, hasta al lugar dellos apparente, subiendo directamente al Zenith. De aqui se concluye, que baxando del Zenith hasta el Horizonte de los cuerpos, que estan debaxo del Sol, que aun que paresca en este espacio hauer una quarta parte del cielo estrellado, uerdaderamente no la hay: porque lo alto, que hay dende el centro de la tierra hasta la cara della, para la apparicion destos cuerpos, quita algo de la quarta parte del cielo estrellado, que hay dende el Zenith hasta el uerdadero Diametro del cielo estrellado. Y pues*

en todos

en todos los cuerpos, que estan derechamẽte en el Zenith, es el mismo lugar el apparente con el uerdadero, y en el Horizonte hay mayor differencia del lugar uerdadero al apparẽte, por tanto para hallar, en que cuerpos el lugar uerdadero differe del apparente, se tomaran las distancias dellos, en lo que se apartã del Zenith: Y la Parallaxis (que es propriamente, engaño de la uista, o diuersidad de aspecto, en que juzga la uista, que un cuerpo esta junto con una estrella, no estando junto con ella, siendo el lugar del apparente, differente del lugar uerdadero) se tomara en el cielo de las estrellas, y se llamara Parallaxis, un arco del cielo estrellado entre el uerdadero lugar de un cuerpo, y el lugar apparente del. Y mas se sigue de lo susodicho, que quando un cuerpo estuuiere mas cerca de la tierra, mas distara el lugar apparente del uerdadero del, y quanto mas lexos estuuiere, menos distara: porque mayor angulo haran en el las dos rayas tiradas, la una del centro, la otra de la cara de la tierra, por el hasta el cielo de las estrellas, y el arco, o distancia del lugar apparente hasta el uerdadero en el cielo dellas sera mayor. Esta doctrina de las Parallaxes es tan importante y tan ingeniosa; que por ella se hallara quanto dista de la tierra la Luna, Mercurio y Venus, y se sabra euidentemente qualquier cosa, que apparece sobre la tierra, quan lexos esta della.

¶ Declarase el capitulo passado con figuras.

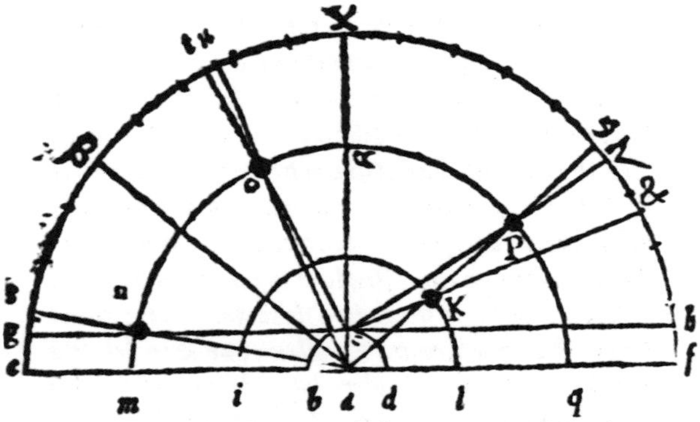

A, es el centro dela tierra. bcd. la mitad de la tierra que esta encima hazia al Zenith, que es x. El Polo β. El puncto c, es la cara de la tierra, de donde mira el Mathematico los cuerpos n, o, α p, k. El semicirculo i k l, es la buelta que da el cuerpo k. El semicirculo m n o α p q, es la buelta que dan dichos cuerpos. El semicirculo e x f es la mitad del cielo estrellado: cuyo diametro Horizontal es e a f Si el ojo estuuiesse en el centro a, ueria el semicirculo e x f. La raya g c h. es Horizonte uisible para el ojo, puesto en el puncto c, del qual puncto solamente ueria el arco g x h, que es menor que el semicirculo e x f. El uerdadero lugar del cuerpo n, es el pũcto s, y del cuerpo o, es el puncto u, y del cuerpo α, el uerdadero y apparẽte lugar es el puncto x, donde no se engaña,

gaña la uista. El uerdadero lugar de los cuerpos k,p, es el puncto y. El lugar apparente del cuerpo n, es el puncto g. El del cuerpo o, es el puncto t, y del cuerpo k, el lugar apparente es el puncto &, y del cuerpo p, es el puncto z. En todos estos cuerpos el lugar apparente siempre es mas cercano al Horizonte, y el lugar uerdadero mas cerca es del Zenith. La Parallaxis del cuerpo n, es el arco g s. Y la del cuerpo o, es el arco t u. Los cuerpos que estan en el Zenith, no tienẽ Parallaxis. La Parallaxis t u, es menor que la g s, porque el cuerpo o, esta mas cerca del zenith que el cuerpo n. La Parallaxis del cuerpo k, es el arco y &. Y la del cuerpo p, es y z. La qual Parallaxis es menor que la y &, por que el cuerpo k, esta mas cerca de la tierra que el cuerpo p. Por dõde es necessario, que quanto un cuerpo causa menor Parallaxis, tanto este mas lexos de tierra, que el otro que tiene mayor Parallaxis. Triangulos Parallacticos, son a n c, a o c, a k c, a p c. Angulos Parallacticos son en el cuerpo n, a n c: en el cuerpo o, a o c: en el cuerpo k, a k c: en el cuerpo p, a p c. Las Parallaxes dan la quãtidad de los angulos Parallacticos, y los angulos Parallacticos dan la distãcia delos cuerpos que tienen parallaxes, en que distan de la tierra, junctamente con la distancia que hay del zenith a los cuerpos: Pero desto se tratara cumplidamente, porque no se puede uer donde estan los Cometas, si esto no esta muy bien entendido.

¶ Capitulo. 5. En que se prueua la estrella que apparece en el cielo, no ser estrella fixa, ni planeta sino Cometa.

LA apparēte estrella es de la primera grandeza y aun mayor que el Can mayor, que es la mayor estrella de todas las de la primera magnitud de las que aparecen en España, y en la parte donde ha parecido, que es entre la constellacion de la Casiopœa, y la del Cepheo, las mayores estrellas que por ay se hallan, son de la tercera grandeza. Por lo qual no es estrella fixa de las que hauia antes en el cielo. Y si alguno porfiasse que encima del cuerpo apparente desta estrella, hay alguna estrella fixa inuisible: la qual attrayendo bahos, o fumidas exalaciones se ha acrecentado de tal arte que se haya hecho este cuerpo uisible. Este se reprouara ansi, o este baho esta en el cuerpo del cielo, o abaxo del cielo de la Luna, si esta en el cuerpo del cielo, ya ha de conceder que el cielo recibe nueuos cuerpos y nueuas qualidades: porque este baho se ha encendido, y ha tomado luz de nueuo dentro del cielo, por lo qual no hauria differencia del cuerpo del cielo al cuerpo del ayre. Despues aun que estuuiesse en el cielo, como era posible que guardasse tan prefecto mouimiento con la estrella que le ha tirado, poniendo differentes orbes, y differentes mouimientos dellos, como ponen los Peripateticos en el cielo? Luego cōforme a la uulgar opiniō, que hay orbes, y tienē particulares mouimiētos, o no le hauiā de dar lugar los orbes a q̄ subiesse de tiera tal

baho,

hubo, o se hauia de hazer en el cielo de las estrellas fixas de la substancia del cielo, este nueuo augmento del nueuo cuerpo apparente della: de lo qual necessariamente concluyriamos, que en el cielo hay nouedades, augmentos, y alteraciones: lo qual niegan los Peripateticos, porque piensan que en el cielo nũca ha hauido mudança alguna, ni augmento, ni alteraciõ. Queda pues segũ ellos, que no es cuerpo celeste, ni estrella fixa, sino hubo abaxo del cielo de la Luna: y si ponen elemento del fuego sobre el ayre, han de conceder que este hubo no esta en el fuego, porque luego fuera quemado, y no pudiera durar tanto (dexãdo a parte que aun que pusieran que podia durar) no pudiera conseruar el mouimiento proprio de estrella tanto tiempo: por lo qual manifiesto sera, segũ los Peripateticos, q̃ es Cometa, y no estrella fixa. Y mas por que quando començo a parecer, parecia mayor que Iupiter, y agora a 7. de Enero de 1573. ya parece ser menor que Iupiter, lo qual, o puede acontecer por que se ha subido mas alto de lo que estaua, quãdo començo a parecer, porque las cosas que se apartan del ojo, porque se ueen con menor angulo, menores parecen. Y si este accidente tuuiesse, se hauia de dezir, o que se huuiesse subido mucho mas arriba de la suprema region del ayre, porque la tal proporcion de las magnitudines apparentes deste cuerpo arguyria, que se ha subido mas de dos uezes mas alto de lo que estaua al principio: o diriamos que tiene mouimiento de los planetas, que unas uezes estã muy cerca de tierra, otras uezes estã remo-

tißimos, y anſi unas uezes parecẽ mayores q̃ otras, ni lo uno, ni lo otro ſe puede dezir. Lo primero por q̃ ha guardado ſiẽpre una diſtãcia cõ las eſtrellas dela Caſſiopœa, y andãdo el ayre de la tercera region circular mente, como dizen, no hauia de ſubir por linea recta. Lo ſegundo, por que los Planetas eſtando en una miſma longitud del zodiaco, como eſta eſtrella eſta, no parecen mayores ni menores, ſino ſiempre yguales. Por lo qual ſe ha de concluyr, que ſi apparece menor, es por que ſe ua reſoluiendo, y deſaziendoſe: por lo qual no es eſtrella fixa. Ni es Planeta: porque los Planetas uan dentro del zodiaco, y eſte cuerpo eſta lexos del 47. gra. 36. mi. quãdo menos, pues tiene latitud ſeptẽtrional de. 53. grad. 36. mi. y no ſube ſobre el Horizonte, como ellos ſino que ua ſiempre al rededor del Polo ſobre el Hoοizonte. Los que juzgan ſer eſtrella nueua ſoſpechan eſto, porque les parece, que eſta en el cielo eſtrellado, por que ſcintilla como las eſtrellas fixas, las quales dize Ariſtotil, que ſcintillã por eſtar lexos, La qual cauſa aun que es parcial: pero no es baſtante porque Mercurio ſcintilla, y por tanto le llaman Stilbonta. Y los Cometas ſuelen ſcintillar echãdo rayos como cabellos, y los Planetas corriẽdo rezio cierço, o otro uiento por arriba. De ſuerte que la ſcintillacion no es argumento euidẽte, para prouar, que es eſtrella. Mas cierto argumento es para prouar, que es Cometa, uer que ſe ha hecho cerca de la uia lectea, que es el lugar ordinario, donde ſe hazẽ los Cometas, y uer que ſe ua reſoluiendo.

Capit.

¶ Capitulo. 6. De los generos y formas de Cometas, y que no es alguno de los que escriue Plinio, ni Albumazar.

PLinio barriendo lo que han escrito sus antecessores dize, que hay Cometa Pogonias, que quiere dezir, Barbudo, por que por la parte baxa parece tener barba larga. Hay cometa Acontias, a manera de dardo, o de Ascona. Hay Xiphias q̃ es a manera de spada, y estos sõ amarillos mas q̃ los otros, reluzẽ, o uizlũbrã como spada biẽ acicalada, y no scintillã. Hay Disceus, que tiene forma de plato, y color de oro algo mezclada cõ plata, y este scintilla echãdo rayos de los cabos de las orillas. Hay Pithetes a manera de cuba, y en la concauidad, o hueco del, sale una luz con humo. Hay Ceratias a manera de cuerno retortijado. Hay lampades que son semejantes a lamparas, o hachas ardientes. Hay Hippeus, que tiene crines, a manera de las de los cauallos, y uan cerca del cogidas en redondo. Hay Cometa blanco con crines, o greña de color de plata, y reluze tãto, que apenas se puede refirmar la uista en el, como ni en el Sol, y teniendo rostro de hõbre muestrã gran magestad y diuinidad en el semblante. Hay Cometas uellosos, del todo rodeados de crines como de los cauallos. Albumazar dize (dexando a parte los Cometas que causan las Eclipses del Sol, y la Luna, siendo señores dellas Marte, o Mercurio) que los tres Planetas superiores, que son Saturno, Iupiter, y Marte estando en sus exaltaciones, ajuntando se corporalmente, o por rayos sextiles, o

quadrados

quadrados, triangulares, o contrarios suele hazer Cometas, y que hay muchos generos dellos. El Sol estando poderoso en los grados fumosos, o en los tenebrosos, o en los lucidos causa en el ayre Cometas redondos y blancos sin cola, y ansi pone 9. generos de Cometas. Si ellos se hallan en la exaltacion de la Luna, que es el signo de Tauro, o en su contrario Scorpion hazē una estrella clara, blanca, con grande greña, y se llama Plata. En la exaltacion de Mercurio, que es el signo de Virgo, o en Pisces su contrario, se haze una pequeña estrella, clara, azul cō grā cola, y llamase el señor de la ascona. En la exaltaciō de Venus, q̄ es Pisces, o en su cōtrario Virgo se haze una estrella grāde, muy hermosa, y llamase Soldado. En la exaltacion del Sol, que es el signo de Aries, o en su contrario se haze una estrella de color de oro, que tiene como rostro de hombre, es redondo sin cola, y llamase Rosa. En la exaltacion de Marte, que es el signo de Capricorno, o en su contrario se haze una estrella pequeña bermeja, con la cola levantada hazia arriba con la cabeça baxa, y llamāla Aurora. En la exaltacion de Iupiter, que es el signo de Cancro, o en su cōtrario, se haze una estrella empinada sobre una basa de fuego, y la llama Poste o columna. En la exaltacion de Saturno, que es el signo Libra, o en su contrario, se haze una estrella algo grande sin cola, y es verde y negra, y la llama Negra. En el Caput draconis se haze un Cometa llamado Dragon ardiente, y es del talle de una partesana. En la Cola del Dragō se haze el Cometa llamado Assador,

dor, porque es del mesmo talle. Fuera destos describe Iouiano Pontano, un Cometa tan grande que tenia 60. gra. del cielo, y otro que tenia. 50. Y Ioannes de Monteregio, un otro horrẽdißimo con cabeça y cola, que en un dia quasi camino quatro signos de leuante a poniente. Y si comparamos nuestro Cometa con los descritos, hallaremos q̃ no es alguno dellos: ni el Soldado de Albumazar. Por que el cometa Soldado, como despues declara, es grande a manera de la Luna, y echa los rayos y greña hazia atras, lo qual no tiene nuestro Cometa. En ningun autor hallo Cometa semejante a este, el qual mas parece estrella que Cometa. Ptolemeo y Plinio hazen mencion de algunos Cometas immobiles, que no se apartan de las estrellas cabe las quales salieron: pero no descriuen que forma tienen. Lucano dize, que antes de la guerra ciuil de entre Iulio Cesar y Pompeyo, Ignota obscuræ viderunt sidera noctes, Que eran Cometas a manera de estrellas, no conocidas por los hõbres doctos: deste genero de Cometas sin duda es el nuestro.

Capitulo. 7. Del lugar donde se hazen los Cometas segun los Peripateticos.

Ponen tres maneras de exhalaciones, o fumos que salen de la tierra. La primera es medianamente caliente, y seca y graßienta, o oleosa: y desta se hazen en la baxa region del ayre (la qual allega hasta a dõde subẽ los rayos reflexos del Sol) muchos fuegos y llamas, por que por la presencia del ayre frio cõtrario, ellas se uienen a encender: como uemos en tiempo de

tormen-

tormenta que apparecen lumbrezillas sobre las naues, las quales los marineros llaman Sanctelmo, y en valles cerradas con tormenta, apparecen llamas ardiētes, como el año que se alçarō los Moriscos de Granada, sobre las almenas del castillo de Cocentayna apparecieorn una noche obscura tempestuosa, tres lumbres como tres hachas: a las quales acuchillo una delas guardas, y desaparecierō, y hallo a la mañana la spada tisnada, y hedia a çufre: mas en los cimenterios y cabeças de muertos, apparecen lumbrezillas, que llamā fuegos locos. Y en tiempo de grandes fuegos, en valles por el suelo apparecen llamas. Y otros muchos fuegos apparecē, que claramente se veen estar muy cerca de tierra. La segunda exhalacion es caliente y seca, sin oleosidad, la qual se enciende en la media region del ayre por asistencia de la frialdad contraria de la dicha region: la qual para basta a donde allega el calor del fuego en el ayre subjecto a el. Desta exhalacion salen relampagos y rayos en la segunda regiō. La tercera exhalaciō es muy seca y ligera, y algo grassienta, o oleosa, desta quieren se hagan todos los Cometas en la tercera region del ayre. Quanto a la reparticion de la infima region del ayre, por los rayos del Sol reflexos, me parece que no va conforme a razon, por que siempre el radio reflexo haze ygual angulo con el Horizonte, con el angulo del radio directo, y por consiguiente saliendo el Sol, y poniēdose, como no aya radio reflexo, ni en toda la noche sobre el Horizōte, hay radio directo ni reflexo. Luego no hauria entō

ces

ces esta particiō dela infima y media regiō, ni acōteceria lluuias, nieues, granizos, relāpagos, ni rayos en tal tiēpo, pues tales cosas se hazē en la media region. Mas cada momēto q̄ el Sol subiria, se alçaria mas la infima regiō del ayre, y como para dos Horizōtes, o alturas del norte; el Sol en un mismo momento, este mas alto y mas baxo, en el mismo momēto q̄ echasse radios sobre los dos, se alçaria y abaxaria el cuerpo de la infima regiō del ayre, y no hauria cosa mas mudable q̄ ella. Despues si la media regiō del ayre comēçasse dōde para el radio reflexo, muy poca altura ternia la infima region: por que como consta de la reflexion de los radios del Sol, que hieren un espejo, o uidrio, o agua, apenas duran los radios reflexos. 300. passos por que se uan esparziendo y deshaziendose. Quanto a lo que dizen ser la segūda region del ayre fria por antiparistasim: esto parece dudoso, porque siendo la infima region caliente por causa de la reflexion de los rayos del Sol, y la suprema caliente por la uezindad del fuego, siendo el ayre segun ellos caliente, por donde le ha de entrar ala media region, la frialdad, para que aya asistencia de contrario? pues ponemos que frialdad sea qualidad positiua, y no relatiua: por que diferente cosa es ser un cuerpo naturalmente menos caliente que otro, que ser naturalmente frio. Mas como podria passar por la media region del ayre (la qual pintan frigidißima) la exhalacion calida y seca, oleosa, que por antiparistasim no se encendiesse? Luego la imaginacion de la reparticion de la infima,

y media

y media region del ayre no es conforme a razon. Dira luego alguno como los montes, quanto mas altos son, mas quaja en ellos la nieue, y mas frios son? Esto es notorio, porque en los lugares donde se ajuntan mas los dos radios, el uno directo, y el otro reflexo, mayor calor hay. Y en las partes de los montes que mayor reflexion hay, y mas de lleno hiere el Sol, menos dura la nieue, y como los cabeços altos acabē en angulos, no se pueden biē enellos ajūtar el radio directo cō el reflexo, y menos puede allegar en lo alto el radio reflexo, q̄ en las lomas, y de aqui uiene que duran mas las nieues en los montes mas altos, que en los baxos, y en las partes dellos que miran al Norte, mas duran que en las de medio dia. Dexada esta diuision del ayre, por medio de los radios reflexos, ueamos si podremos hallar hasta donde allega la infima region del ayre. Escriuen los Griegos que en el monte Olympo, cada año se hazian sacrificios, y quedaua la ceniza dellos, y en ellos escriuian, o hazian rayas, y en el año siguiente hallauan las mismas escripturas sin hauerse desecho, de donde parece, q̄ aquellas escripturas estauan en parte mas alta que es la media region del ayre: en la qual se hazen los uientos, y nuues, y nieues, y granizo. Y ansi dize Lucano, Nubes excedit olympus. Escriue Plinio, libr 2. capit. 6, que Dicearcho mathematico por mandado de Reyes, niuelo las alturas de muchos montes, y que hallo el monte Pelio, que es mas alto que los otros montes, solamēte alçarsse sobre los llanos a niuel. 1250. passos Geometricos. Y en el 5. libro

bro dize, que el monte Casio se leuanta a niuel quatro millas: luego la mayor distancia, que hauria de aqui a la tercera region del ayre, serian quatro millas. No quiero detenerme en reprobar a Plinio, que contradize a Dicearcho affirmãdo, q̃ los Alpes se leuantã en mas de.50.millas, pues no dize que se leuantã.50.millas a niuel, por que para hombre, que entiende, que es niuel, parece desatino. Las nuues segun los Peripateticos, se hazen en la media region del ayre. Posidonio gran Mathematico dize, que de tierra hasta donde se hazen las nuues, no hay menos de. 40. estadios, que son cinco millas, al qual creo mas, que a Plinio: por que era Mathematico, y trataua de cosa que se puede demõstrar. Por que de aqui a las nuues se puede formar un triangulo, cuya base este en un llano de dos, o tres leguas, y dos Mathematicos que se concertassen, podrian en un mismo momento encarar con Astrolabios a alguna nuuezilla que sea muy notable, y pues ternian los angulos que se harian en sus ojos, sabida la base deste triangulo, sabrian las rayas que yriã de sus ojos, hasta la nube, quanto ualen, y por la.13. del.seg. de Euclides sabrianla perpẽdicular, q̃ hauria de la nuue hasta tierra. Porla qual uia podriamos saber, donde comiença el lugar de las nuues y delos uiẽtos, y quãto esta apartado de la tierra.

Capitulo. 8. Que los Cometas que duran mucho, y tienen notable mouimiento, no se hazen en el ayre.

C Seneca

Libr. 7. Quest. nat.

SEneca siguiendo à Democrito y Anaxagoras, con razones naturales prueua, tales Cometas hazerse en el cielo, y no en el ayre: assi los fuegos que se hazen en el ayre suelẽ durar poco, porque cada momẽto hay mudanças en el de frio à calor, y de humedad à sequedad: y si el Cometa fuesse fuego encendido, en la exhalacion caliente, y seca, oleosa, yria discurriendo el fuego de arriba à baxo, hasta donde llegasse tal materia: y pues en la infima region del ayre los bahos son mas gruessos y oleosos, aconteceria el fuego del Cometa baxar hasta tierra. Mas proprio es de los fuegos del cielo yr al rededor, y à los fuegos que se hazen en el ayre, baxar por linea recta, como hazen las estrellas cayẽtes, las quales tambien se hazen en la tercera region del ayre, segun ellos: los rayos baxan con impetu à la loca, atrauessandose por el ayre sin tener mouimiento circular: otros fuegos que se hazen en el ayre duran poquißimo, como Santelmo, y los fuegos locos, y estan quedos: pero los Cometas uan al rededor, y hay dellos que duran un año. Esta postrera razon me parece muy rezia, porque los Peripateticos queriendo dar la causa del mouimiento circular de los Cometas, dizen que el supremo orbe arrebata todos los orbes inferiores, y al elemento del fuego, y al ayre que esta cerca del, el qual esta aparejado para dar buelta en 24 horas de leuante à poniente: y como en el esten los Cometas, no es marauilla que andẽ al rededor. Mas añaden que fuera deste mouimiento de leuante al ponieñte, tienen otro, que es de poniente al leuante, à semejança de ça de los Planetas que les han causado ò encẽdido, los quales les tiran como la piedra ymã al hierro. Mas tienen otro mouimiento de leuante al norte, y de aqui al poniente,, y de aqui al medio dia, andando unas uezes ligeros, otras perezosos. Examinadas pues estas palabras, con los exemplos se uera que no pueden estar en la tercera region del ayre. Escriue Ioan. de Monte Regio, que uido un Cometa, que anduuo en un dia, dende la fin del signo de Virgo hasta el principio de Geminis de leuante al poniente: mas Pontano escriue, un Cometa hauer andado en un dia 30. gr. del norte al poniente, lo qual era impossible si ellos tuuiessen el mouimiento del primer mobile, ò el mouimiento de sus auctores: porque el primer mobile en un dia anda 360. gr. y no hay Planeta que en un dia ande mas de 16. gr. y esto solo conuiene à la luna. el mayor mouimiento de Saturno no passa de 9. mi. el de Iupiter no passa de 14. el de Marte de. 48. mi. el del Sol de 63. y el de Venus de 75. y el de Mercurio no passa de 114. mi. y solos los los cinco Saturno, Iupiter, Marte, Venus, Mercurio, pueden de proprio mouimiento, es à saber retrogrados, andar de leuante hazia el poniente: pero estos y los de mas en 24. horas dan buelta à todo el cielo de leuante al poniente, luego no podra el Cometa estando en el ayre, arrebatado por el primer mobile en 24. horas, dando toda una buelta, andar 30. ò 40. grad. solos en un dia de leuante al poniente, y pues los andan, este mouimiento no es del uniuerso, sino proprio a ellos. Ni tan poco puede ser de sus padres, que les tiran como piedra yman: porque tienen mouimiẽtos differentißimos delos que tienen los Planetas. Mas quando se uido Planeta andar de leuante al norte, y del norte al poniente: y del poniente al medio dia, y del medio dia al norte, segun escriue Plinio? Luego no se hazen en el ayre, sino que son de natura celeste, y tienen principio de su mouimiento, differente del de los Planetas, y del primer mobile: aunque el nuestro Cometa hasta agora ha guardado inuiolablemẽte las leyes del mouimiento del primer mobile, como si fuera estrella fixa.

¶ Capitulo. 9. Como hallo Ptolemeo la latitud de la luna, y la Parallaxis della.

EN Alexandria de Egypto, el polo arctico se leuãta sobre el Horizõte. 30. grados 58. mi. los quales quitados de 90. gra. que hay del Zenith al Horizonte, queda la Equinoctial leuantada sobre el Horizõte. 59. gra. 2. mi. a los quales añade. 23. gra. 51. mi. 20. seg. de la maxima declinaciõ, que tenia entõces el Sol, que dara el tropico de Cancro leuantado sobre el Horizõte. 82. gra. 53. mi. 20. seg. por el instrumẽto parallactico, que llamã Triquetro, o por el Astrolabio, estãdo la Luna en el principio de Cãcro en el meridiano, hallo la Luna en muchas obseruaciones, abaxo del Zenith en. 2. gra. quasi. 7. mi. 30. seg. que son. 87. gra. 52. mi. 30. seg. sobre el Horizonte. Quita pues de. 87. gra. 62. mi. 30. seg. los 82. gra. 53. mi. 20. seg. que tenia el tropico de cãcro de altura, y hallaras 4. gra. 59. mi. 10. seg. de latitud de la Luna, porque estando el Tropico de can-

de cãcro, o de Capricorno en el meridiano, los polos de la Ecliptica estã tãbien en el. Y por respecto, que en tal altura hay alguna Parallaxis, y el lugar uerdadero es mas alto que el apparente, por tanto concluyo la latitud de la Luna ser de. 5. gra. Item dize que estando la Luna en. 3. gra. 10. mi. de Capricorno en el meridiano, se hallo estar 50. gra. 55. mi. abaxo del Zenith, y tenia la Luna latitud septentrional. 4. gra. 50. mi. El puncto de 3. gra. 10. mi. de Capricorno, tenia declinaciõ austral. 23. gra. 49. mi. Si desta declinacion austral sacas la latitud de la Luna septẽtrional, quedã. 18. gra. 50. mi. dende la Equinoctial hasta el lugar uerdadero de la Luna. Hallo la en, 50. gra. 55. mi. abaxo del zenith, de los quales, si quitas la latitud de Alexãdria de 30. gra. 58. mi. quedan. 19. gra. 57. mi. de la Equinoctial hasta el lugar apparente de la Luna. Si de. 19. gr. 57. mi. de la declinaciõ austral apparente de la Luna, quitas. 18. gra. 50. mi. de declinaciõ austral uerdadera, queda. 1. gra. 7. m. en que el lugar apparẽte de la Luna era mas baxo, que el lugar uerdadero, y tanta sera la Parallaxis. En esta manera de buscar la Parallaxis, Ptolemeo presupone dos cosas: las quales hallo por las tablas de los mouimientos de la Luna, y son el uerdadero lugar de la Luna, y la uerdadera latitud della, sin las quales cosas no pudiera hallar la Parallaxis.

¶ Capitulo. 10. Como se concluyra la distãcia de la Luna hasta el centro de la tierra, hallada la Parallaxis, y mas quan grande Parallaxis terna en el Horizonte, y de otras cosas importantes.

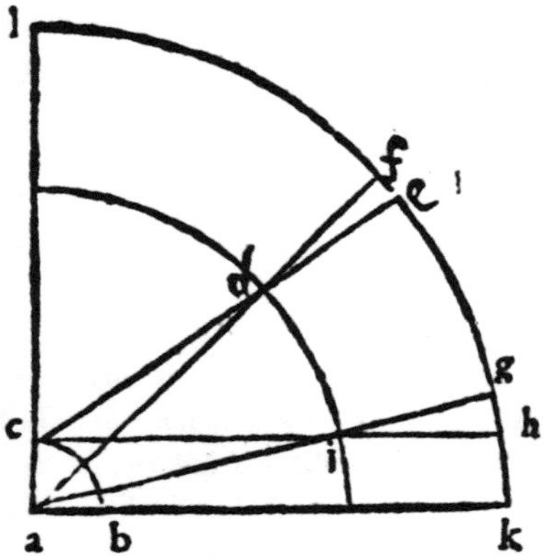

SEa a, centro de la tierra. c, cara de la tierra. l, Zenith. el arco l e, es de.50.g.55.mi. en q̃ estaua la luna baxo del Zenith. d, la Luna. f, lugar uerdadero della. e, el lugar apparente. f e, la Parallaxis que es de.1. gr. 7. mi. i. es la Luna en el Horizonte suyo. g h, es la maxima Parallaxis, que puede tener siendo e f, de 1. gr. 7.m. Pues el arco e f, es de.1.g.7. mi. por la.33. del.6. el angulo e d f, sera de.1.gr.7.m. y por la 15. del primero, el angulo Parallactico c d a, ualdra.1.g.7.m. El angulo l c e, es de.50.gra.55.mi. luego por la.13. del primero, el angulo a c d, es conocido como cumplimiento de dos angulos rectos: luego por la.32. del primero el angulo c a d, sera conocido. Tenemos pues los tres angulos del triangulo Parallactico a d c, conocidos, mas tenemos el lado a c, que es el semi diametro de la tierra, conocido: en qualquier triangulo conocidos los tres angulos, y un lado del, por la doctrina de los senos rectos, son conocidos los otros dos lados: luego ualdra a d, lado, que es la distancia del cẽtro de la tierra à la Luna.38. semidiametros de la tierra, y.58.mi. que son quasi.39. semidiametros. Y la raya c d, ualdra 38. semidiametros.11.

mi. Y pues en el triangulo Parallactico rectãglo e i a. el lado a i, es ya conocido de.38.semidiametros.58.mi. como seno todo oppuesto al angulo recto a c i, y la proporcion de a i, al a c, es conocida, sera pues a c, lado conocido, como seno recto del angulo Parallactico a i c, y por la tabla de los senos rectos ualdra el angulo a i c, 1.gr.23.mi.9.se. Siguiendo la fuerça destas demonstraciones, e contado quando un cuerpo estuuiere.13. semidiametros lexos del centro de la tierra, la Parallaxes que ha de tener en las distancias del Zenith hasta el Horizõte, y de la misma suerte si esta.26.39.52.64. y un sexto, semidiametros lexos dela tierra. Desta doctrina fundada no en palillos: sino en euidentes demõstraciones de Euclides, se collegira en qualquier Phenomenon, es à saber, cuerpo apparente en el ayre, ò en el llamado cielo, sabida su Parallaxis y la distancia que tuuiere abaxo del Zenith, quantos semidiametros de la tierra estara lexos della: y al que tuuiere mas ocio le he abierto el camino para hazer tablas de la Parallaxes, mas cumplidas que las siguientes, de las quales hauria necessidad para hallar à posteriori algunas Parallaxes. En el Sol la Parallaxis no se puede hallar, por las alturas del: porque.3.mi.no se pueden hallar por instrumentos, pero por dos ecclypses de la Luna (hallando Ptolemeo los diametros apparentes del Sol y de la Luna ser de.31.mi.20 se. y el diametro de la sombra de la tierra, por donde se ecclypsaua la Luna estando en el Apogeo, que se pudo uer por la latitud de la Luna, ser de 81.mi.20.se.) cõcluyo, q̃ el Sol estaua.1210. semidiã. del cẽtro de la tierra, y tener Paralla.de.2.mi.55.se.

Tabla de las Parallaxes en los notados.

Distancia del Zenit.

Semidiametros de la tierra.

	13			26			☾ 39			☾ 52			64.10 m̄.		
gr.	gr.	m̄.	se.	gr.	m̄.	se.	gr.	m̄.	se.	gr.	m̄.	se.	gr.	m̄.	se.
0	0	0	0	0	0	0	0	0	0	0	0	0	0	0	0
5	0	23	3	0	11	32	0	7	40	0	5	46	0	4	40
10	0	45	56	0	23	15	0	15	19	0	11	29	0	9	17
15	1	8	27	0	34	23	0	22	49	0	17	7	0	13	50
20	1	30	27	0	45	14	0	30	9	0	22	36	0	18	19
25	1	51	47	0	55	53	0	36	18	0	27	57	0	22	33
30	2	11	52	1	6	6	0	44	4	0	33	4	0	26	47
35	2	31	43	1	15	51	0	50	36	0	38	6	0	30	35
40	2	50	12	1	24	0	0	56	36	0	42	30	0	34	25
45	3	7	4	1	33	30	1	22	20	0	46	45	0	37	46
50	3	22	41	1	41	18	1	7	30	0	51	21	0	41	2
55	3	36	53	1	48	19	1	12	12	0	54	9	0	43	53
60	3	49	11	1	54	31	1	16	20	0	57	15	0	46	24
65	3	59	51	1	59	41	1	19	53	1	0	6	0	48	26
70	4	8	44	2	4	16	1	22	49	1	3	38	0	50	20
75	4	15	40	2	7	45	1	25	9	1	3	52	0	51	46
80	4	20	41	2	10	14	1	25	49	1	5	6	0	53	7
85	4	23	41	2	11	45	1	27	49	1	5	52	0	53	22
90	4	24	44	2	12	15	1	28	9	1	6	6	0	53	34

¶ Capitulo. 11. como se han de hallar las Parallaxes, sin presuponer los lugares verdaderos de los Phenomenos, que dan la buelta sobre tierra.

LO primero, ternas una raya meridiana bien sacada, y buen instrumento para tomar la altura meridiana del Phenomenō, y si el da la buelta sobre tierra, y el circulo que haze, esta del zenit al Horizonte *septentrional, tomaras las dos alturas del sobre tierra meridianas, y si juntandolas, el numero dellas fuere ygual con el doble de la altura del norte, tal Phenomenō no terna Parallaxis: por q̃ las dos alturas del sobre el* Horizonte *seran uerdaderas, y no apparentes, y el semidiametro de la tierra no terna sensible proporcion para la distancia, q̃ hay del centro de la tierra, hasta el Phenomenō. Si el numero de las dos alturas meridianas jũtadas fuere menor q̃ la altura del norte doblada, sacaras las dos alturas juntadas, del doble de la altura del norte, y ternas las dos Parallaxes, que el Phenomenon tiene en la altura mayor, y en la menor. Y si la mayor altura del Phenomenon es de. 90 gra. toda la Parallaxis hallada sera dela altura menor. Si estuuiere mas baxo, entõces se ha de buscar por medio de la tabla, quanta Parallaxis cõuiene a cada altura, entrando lateralmente cõ las dos distancias del zenith, debaxo de uno de los semediametros alli notados. Y si jũtadas las dos Parallaxes, en esta tabla halladas fueren yguales a las Parallaxes de los dos lugares, ay ternas en cada altura del, particularmente la Parallaxis, y arriba en la frente hallaras quantos semidiametros distã del centro de la tierra. Si no se hallare en la tabla, entonces por parte proporcional se hallara. Si el Phenomenon diere toda su buelta sobre tierra dentro de la qual estuuiere el zenit: entonces la menor altura del sacaras de la mayor, y de lo que te quedare tomaras la mitad, y la sacaras de. 90. Si lo que quedare fuere ygual a la altura del norte el Phenomenon no terna Parallaxis. Si fuere menor, sacarlo has de la altura del norte, y la differencia es la mitad de las parallaxes, que tiene en las dos alturas meridianas, la qual doblaras como esta dicho, y buscaras por la tabla sobredicha, en cada altura meridiana quanta Parallaxis tiene. Mas breuemente se puede hallar la parallaxis en los Phenomenos que dan buelta al rededor del norte sobre tierra, ansi, quando estuuieren en la mayor altura, toma con el radio astronomico la distancia que hay dellos hasta una estrella que midie el cielo con ellos. Despues quando estuuieren en la menor altura, torna a tomar la distancia dellos, hasta la misma estrella, y si no hay differencia entre las distancias, no tiene Parallaxis, y si la hay, ella es la Parallaxis de la menor altura. Has de notar, que si al norte tuuieres por zenith, en tal postura no podras hallar la Parallaxis.*

¶ Capitulo. 12. Que el nuestro Cometa no tiene Parallaxis, y de la grandeza del.

NVestro Cometa da la buelta al rededor del norte dende el Zenith hazia el Horizonte septentrional, y tiene dos alturas meridianas, la maxima es

do

de. 67. gra. 30. mi. la minima es de. 11. gra. 30. mi. si junctas estas dos hazen. 79. gra. quanto es el doble de la altura del norte de Valencia, luego si por sus dos alturas se halla la uerdadera altura del Norte, las dos alturas fueron uerdaderas, y no apparentes: porque si el tuuiera Parallaxis las dos alturas fueran apparentes. y menores que las uerdaderas, y no pudieran mostrar la altura del Norte: en la qual no hay Parallaxis, como puedes uer en esta figura.

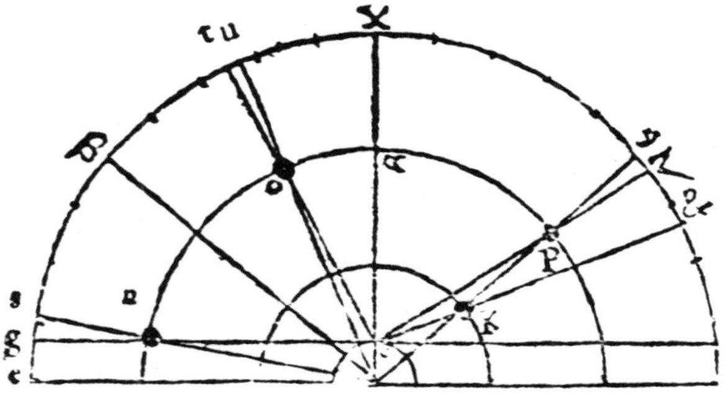

En la qual la altura del norte de Valẽcia es eß. Y si el Cometa en el puncto, o tuuiera Parallaxis, fuera su altura et, apparente. Y la uerdadera fuera en mayor q̃ la et, y la menor altura del fuera eg, apparente. y la uerdadera fuera es, mayor que eg, si juntas los dos arcos de las alturas apparentes et y eg, hallaras que son menores que las dos alturas uerdaderas en, es, en quantidad de las dos Parallaxes

xes g s, t u. Los dos arcos e n, e s, ſon ſiẽpre yguales al doble de la altura del norte, luego en nueſtro Cometa no hay alturas apparentes differentes delas uerdaderas: por lo qual no tiene Parallaxis. Segundo eſtando nueſtro Cometa en altura de. 67. gra. 30. mi. ſe apartaua de la eſtrella Polar en. 26. gra. 40. mi. eſtãdo en. 11 gr. 30. mi. ſolamẽte ſe apartaua en los miſmos 26. gr. 40. m. luego el lugar del apparẽte es el miſmo q̃ el uerdadero, y no terna Parallaxis, por q̃ ſi la tuuiera, el lugar uerdadero del, eſtãdo abaxo, fuera mas alto que el apparente, y el apparẽte hauia de ſer mas baxo que la de la eſtrella: cuyo lugar es uerdadero, en la quantidad de la Parallaxis. Tercero, imagina una cruz: cuyo centro ſea el norte, y de la cabeça a los pies tira una raya, y del braço drecho por el norte, al braço yzquierdo tira otra, eſta partira el circulo del Cometa en 4. quartas, en las dos ſuperiores el Cometa hauia de tener menores Parallaxes, que en las dos inferiores. Por lo qual era neceſſario, que mucho mas preſto paſſaſſe las dos quartas de abaxo, que las dos de arriba, ueeſe por experiẽcia, que en cada quarta eſta. 6. horas punctualmente: por lo qual ſe ſigue, que no tiene Parallaxis. Por mayor euidencia añadire eſto, pues conſta del capit. 7. que la poſtrera region del ayre, ha de començar ſegun los Peripateticos, antes de cinco millas ſubiendo a niuel ſobre el Horizonte. Pongamos que appareciеſſe en lo alto del cielo, apartado de la eſtrella Polar. 26. gra. 40. mi. como ſe uee, ſi eſte Cometa eſtuuieſſe. 13. ſemidiametros le-

xos

xos del centro de la tierra, que son.13416. leguas: quando el baxaria hazia el Horizonte, hauia de parecer mas baxo y mas distãte de la estrella Polar, en. 4. gra. 19 .mi. porque en la tabla de las Parallaxes a. 11. gra. 30. mi. de altura sobre el Horizonte, que son 78. gra. 30. mi. de distancia del zenith, responden de Parallaxis. 4. gra. 19. mi. pero apparece ygualmente apartado della en qualquier parte del cielo, luego no tiene Parallaxis. Por lo qual se sigue que esta sobre el Sol: el qual es mayor que la tierra. 169. uezes, y tiene diametro apparente de. 31. mi, 20. seg. El Cometa al principio aparecio mayor que Iupiter (el qual tiene diametro apparente de. 7. a. 8. mi.) Y segun Euclides lib. 12. cap. 18. de pelota a pelota hay proporcion triplicada a la que hay del diametro de la una al diametro de la otra: Pongamos que estuuiesse tan alto el Sol como el Cometa, y que fuesse. 7. mi. el diametro del, triplicando la proporciõ de. 31. mi. 20. seg. a. 7. mi. hallo la proporcion del cuerpo del Sol al cuerpo del Cometa, qual de 830584. a. 9261. De suerte que seria el Sol mayor que el Cometa, en. 89. uezes y quasi un tercio: parte pues 169. uezes (que es mayor el Sol que la tierra) por. 89. y un tercio, y hallaras que el Cometa seria mayor que la tierra, una uez, y mas quasi. 23. uigesimas sextas de la tierra, y pues esta el Cometa mas alto q̃ el Sol, creo que es mayor en mas de diez uezes, que la tierra.

¶ Capitulo. 13. Como se hallara la Parallaxis en los Phænomenos que suben sobre la tierra y baxan.

Si su-

SI subiere sobre la tierra y baxare, toma el complimiento de la altura del norte, y ternas la altura de la Equinoctial. Despues quãdo el estuuiere en el medio del cielo, ueas cõ que estrella conocida esta en el medio cielo, cuya declinacion este uerdaderamente contada, y sea del mismo genero con la del Phenomenon, y toma con el radio astronomico la distancia, que hay de la estrella al Phenomenon: en la qual distancia esta encerrada la Parallaxis. Y toma la altura del Phenomenon sobre el Horizonte. Si la estrella y el estan dende la Equinoctial hazia el Norte, si es mas alto el, que la estrella, a la declinacion de la estrella, añade la distancia, que hay del a la estrella, y ternas la declinacion septẽtrional apparente del Phenomenõ: la qual quita de la altura del, y quedarte ha la altura apparente de la Equinoctial: la qual si es ygual con la altura uerdadera de la Equinoctial, el dicho Phenomenon no terna Parallaxis: Si fuere menor, la differencia de entrambas sera la Parallaxis. Si el Phenomenon estuuiere mas baxo que la estrella, quita de la declinacion de la estrella, la distancia que hay entre ellos, y quedara la declinaciõ apparente del: la qual quita de la altura del, y quedara la altura de la Equinoctial apparẽte: la qual si es ygual con la uerdadera, no terna Parallaxis, si es menor la differencia, es la Parallaxis. Si tuuieren entramos declinacion austral, tomaras como esta dicho su altura meridiana, y lo que dista de alguna estrella, que medie el cielo junctamente con el, y tomaras la declinacion de la estrella. Si el Phenomenõ

estuuie

estuuiere mas alto que la estrella, quita la distãcia que hay entrellos de la declinacion austral de la estrella, y quedara la declinacion austral apparẽte del Phænomenon: la qual añade a la altura del, y quedarte ha la altura de la Equinoctial apparente: la qual si es ygual con la verdadera, no terna Parallaxis. Si fuere menor, la differencia sera la Parallaxis: si el Phænomenõ estuuiere mas baxo que la estrella, añadiras la distãcia que hay entrellos, a la declinaciõ de la estrella, y ternas la declinacion apparente austral del: la qual añade a la altura meridiana del, y ternas la altura apparente de la Equinoctial, &c. como ya esta dicho.

¶ Capitulo. 14. Como se ha de hallar la verdadera declinacion del Phænomenon que tiene Parallaxis y su latitud verdadera, y lonigtud de las tierras.

Busca primero quanta es la declinaciõ apparente del: en los Phenomenos que suben y baxã, ya esta dicho en el capit. passado. Como se hã de hallar las declinaciones apparentes, en los Phænomenos que dan buelta al rededor del Norte: por la declinacion de la misma estrella, por la qual hallaste su parallaxis, has de buscar la declinacion apparente del, añadiendo, o quitando a la declinacion de la estrella, la distãcia que hay del a ella: porque otramẽte no puedes hallar una misma declinaciõ apparente, buscãdola por la mayor altura del, y por la menor: porque tienẽ Parallaxes desiguales: ni menos sacãdo la menor altura dela mayor, y la mitad sacãdo de. 90, como se haze en los cuerpos que

que no tienen parallaxis. Hallada la declinaciõ appa rẽte añade la parallaxis, y ternas la declinaciõ uerdadera del, tomaras la hora, quãdo media el cielo por alguna estrella, y cõ el lugar uerdadero del Sol, hallaras quanta es la ascension recta del, y con que grado del Zodiaco media el cielo, y con la declinacion de aquel grado, y con la maxima del Sol, por el 20. problema, y 55. del instrumento primi nobilis hallaras el angulo del meridiano, con la Ecclíptica, al tiempo que media el cielo, y la uerdadera latitud y longitud del. Por lo qual sabras cadal dia, quando la Luna estuuiere en el meridano sacar su Parallaxis, y la uerdadera lõgitud, tambien como por las Ecclipses, y desta suerte, toman do los uerdaderos lugares que tiene en el zodiaco, en un mismo dia en dos lugares, que esten lexos el uno del otro, buscando por las tablas el argumento uero de la Luna, por el qual hallaras el mouimiento de la Luna en una hora: Si partieres la differencia de las dos uerdaderas longitudines de la Luna, que se hallaren en los dos pueblos, o lugares, por el mouimiento de la Luna en una hora, ternas la differencia horaria, que hay entre los dos lugares, y por cada hora tomaras. 15. gra. y por cada. 4. mi. de hora. 1. gra. y por cada minuto de hora. 15. mi. de grado. Mas sepas, que has de tomar la altura del Phænomenon meridiana, y la Parallaxis, si quieres hallar el lugar uerdadero del, y si solamente tomares alguna otra altura del, y el circulo uertical del: por el qual se saca la distancia Horizontal del hasta el meridiano, y el medio

cielo,

cielo, por el 58. proble. instru. p. m. bien hallaras la declinacion del, y la latitud y longitud: pero seran apparentes y no uerdaderas, si el Phenomenon tuuiere Parallaxis, y sino la tuuiere, seran uerdaderas.

¶ Capitulo. 15. Que el cielo y estrellas no son quinta essencia, sino que tienen deudo y parentesco con los elementos, y de los effectos generales de los Cometas.

POr euidentes demõstraciones Geometricas, se ha prouado este Cometa estar en el cielo, y como todos los Philosophos y Astrologos concorden, que los Cometas son llamas, o fuegos: Hemos de conceder, que en el cielo se hazen alteraciones y corrupciones: aun que no tan a menudo, como enel ayre inferior: porque el cielo es cuerpo mas perfecto, y mas puro, y las cosas que en el se detienẽ son mas ligeras, y las graues se quedaron aca baxo en la formacion del mundo: el qual en seys dias fue hecho, primero separando y segregando Dios, la luz de las tinieblas como suena el uocablo Hebreo Vajabdel, & segregauit Deus lumen à tenebris. *Y mas segrego unas aguas de las otras por el firmamento, la qual han seguido Democrito y Anaxagoras, y Platon, que pensaron, el cielo y las estrellas, y los luminares, y los cinco planetas hauer salido del chaos, que Moysen llamo Tohu uabohu, en el qual estauan todos los elemẽtos mezclados, y que de alli saco Dios la luz, y los luminares, y las estrellas, y planetas: los quales tienen facultades de los elementos: pe-*

ro mas perfectas, y mas delgadas, y que los cuerpos graues de los elementos se quedaron aca baxo, como solada, o subsidencia, y los ligeros, y mas puros se subieron en lo alto del mundo. Los quales erraron en pensar, que el Chaos era eterno, y no criado por Dios. Que los Planetas tengã las qualidades primeras actualmente, siente lo Ptolemeo, poniendo al planeta Iupiter templado en el calor, por estar entre dos extremos Saturno por frialdad, y Marte por calor demasiado, de lo qual haze burla Pico Mirandula, por ser afficionado a Aristotil. Haly Aben Rhodam, y ansi mismo Iouiano Pontano, por ser Peripateticos lo glosan, que lo entendio Ptolemeo, no segun los cuerpos dellos: sino segun sus facultades: diziẽdo Ptolemeo, que los bahos de la tierra los tira el Sol, hasta el cielo, subiendo sobre el Horizonte: por lo qual la casa.12. del cielo es infortunada: y mas dize que la Venus es humeda como la Luna: porque por mucha luz y uezindad, tirã de la tierra bahos humedos: Pero segun muestro en los Commentarios, que hago sobre el quadripertito de Ptolemeo, esta fue uerdaderamente opiniõ del. Si hizieran diligente obseruacion de los effectos delos Planetas uierã, que Saturno en algun angulo de los quatro principales del cielo, que son leuãte, medio dia, poniente, media noche, quando el Sol y la Luna se iuntã, o opponẽ luego antes del Equinoctio, que aquel año es frigidissimo. Y ansi mismo Saturno señor del año, yẽdose ajuntar con el Sol en el estio le haze frio, y causa nieues en tiempos que hauian de ser calidissimos: y

por

por el contrario, hauiendo semejantes dispoſiciones, Marte haze los inuiernos calientes, y abraſa la tierra: lo qual era impoſsible, ſi los cuerpos celeſtes fueſſẽ todos de un metal, y differentes eſſencias, de las de los elementos, y de los mixtos: por que no teniendo deudo ni parenteſco cõ los mixtos: y ſiendo ſolamente cauſas motrices, y tan apartadas de noſotros, ſolamẽte obrarian en las coſas de aca por ſolo el mouimiento, como quiere Ariſtotil, y por conſiguiente, ſiendo de todos ellos inſtrumẽto, para obrar el mouimiento, ſiempre ſe harian unos miſmos effectos, y no hauria diuerſidad en los tiempos, ni en los nacidos. Yo tẽgo obſeruado en dos nacimientos, que ſi el Sol y Marte eſtan en un miſmo ſigno caliente, y ſeco, o frio, o cerca el uno del otro en dichos ſignos, y entrambos eſtan, o en la dezena caſa del cielo, o enla quarta, que ſon dõde los Planetas dan mas claramente ſus fuerças, que los que nacen, ſalen con los pies torcidos hazia dentro, y lo miſmo obſeruo Haly Aben Rhodam, en la ſegunda natiuidad, que deſcriuio: lo qual no pudiera ſer, ſino fueſſen el Sol y Marte actualmente calientes y ſecos: Y anſi hallandoſe en ſignos ſecos, arrugã o encogen los neruios y muſculos, y de aqui acontece, que ſiendo tiernos los hueſſos de los pies en los mochachos, que eſtan en los uientres de ſus madres, por la calor y ſequedad deſtos Planetas, y delos ſignos demaſiada, nacen con los pies torcidos. Muchas experiencias tengo, por las quales he ſido forçado, quanto a lo que toca a los Cometas y otras opiniones, allegarme mas a

Democrito y a Anaxagoras (que fue Philosopho y grande Astrologo) que a Aristotil, el qual en sus obras no muestra hauer sabido Astrologia: sino hauerse admirado de la curiosidad y diligencia de los Astrologos, y de los Sacerdotes Egypcios, y Caldeos y Babylonios, cuya professión era la Astrologia. De Anaxagoras se lee, que en tiempo de Pericles hizo Prognostico del tiẽpo, que hauia de succeder en la Morea: Y como (de un Cometa, que hauia apparecido. 75. dias continuamente despues de ponerse el Sol, y hauia causado tan grande tempestad, que arrebato de una peña una piedra carretal, y lleuo por el ayre a la ciudad de Tracia dicha Egospotamos, de tal arte que pensauan hauer caydo del cielo) el predixo la guerra que despues acontecio sobre el Peloponeso, que es la Morea. ¶ Estos dos dixeron que los Cometas se hazẽ en el cielo, y que son retratos de los Planetas ayuntados en el cielo, y que se hazen siempre, que de cerca se uienen ellos a tocar. Lo qual declara Albumazar mejor que todos: porque ha uisto por experiencia ser assi, y que en las conjunctiones y opposiciones de los tres planetas superiores, que son Saturno, Iupiter y Marte, y tambien en las de los otros Planetas, y en los aspectos sextiles y quadrados y triangulares (los quales aspectos llama Ptolemeo en el postrer capit. del primero Synaphias contactus, o applicaciones) estando en sus exaltaciones hazen los Cometas: los quales no son los mismos Planetas sino retratos, o cuerpos semejantes a ellos. Hazense ordinariamente

mente

mente cerca de los polos donde el cielo esta mas espesso por causa de las constellaciones fixas, porque estan lexos del camino del Sol, donde començando a uencer los Planetas, con sus rayos ayuntados alli, a la frialdad y espessura del cielo, encienden aquella parte del: y delos rayos dellos, y de las estrellas se haze un Cometa, o fuego que toma fuerças y mouimientos circulares distinctos de los padres, o hazedores del, y algunas uezes semejãtes a los dellos. Los mas principales auctores dellos, son Marte y Mercurio, y ansi naturalmente todo Cometa enciende el ayre, segun la disposiciõ delos signos: porque en los calientes, siendo el señor del año caliente, mas escalientan: y en los signos frios y secos causan grandissimos frios y hielos en inuierno, quãdo ayuda al signo alguna cõstellacion fria: y en el tiempo caliente, grandissimos calores: y por tanto estos Cometas, que se hazen en signos frios, hazen grandes mudãças en el tiẽpo, y rezias enfermedades segun dize Hippocrates: Mutationes temporum maximas pariunt ægritudines. ¶ Al nuestro Cometa le aperci bieron a hazer Saturno y Marte, juntandose en Escorpiõ, casa de Marte a.7. de Agosto passado, y a los onze, o doze de Nouiembre, tocãdo se ellos por aspecto sextil, estando Marte en Capricorno, casa de Satur no, y exaltacion de Marte, estando Saturno en Escor pion, casa de Marte, comunicando el uno al otro sus fuerças, le sacarõ a luz. ¶ Aristotil dize, siẽpre que aparecen muchos y grandes Cometas, tantas uezes hemos uisto, que los años son secos: y uentosos, y quanto menos y menores apparecen, menos mal hazen. Esto es conforme a lo dicho: por que son fuegos y llamas que se hazen en el cuerpo del cielo, de donde uiene el gouierno del ayre de aca baxo. Por que el mundo inferior esta subjecto al superior, segun todos los Philosophos y Astrologos, por tanto, como este cuerpo de la tierra y agua, sea un puncto para el cielo de arriba, y como qualquier estrella notable sea mucho mayor q̃ la tierra y agua, no es marauilla que los Cometas, cuyos cuerpos son mayores que el dela tierra, causen grã dissimo calor y sequedad. Y por consiguiente encendido el ayre, enciendan los espiritus y coraçones de los hombres, y den ocasion a riñas, rebueltas, guerras, falteamientos, a tempestades, a enfermedades agudas, que uienen de cholera, y de heruor de sangre: los quales accidentes son de Marte y de Mercurio, las naturalezas de los quales imitan mas los Cometas. Algunas uezes acontecẽ diluuios de aguas, despues delos Cometas, aun que ellos sean fuegos, lo qual causan los signos en que se hazẽ, como siẽdo el Sol y Marte calidissimos si ellos se iuntan, o son contrarios en signos humidos y lluuiosos, causan grandissimas aguas, y truenos y tempestades, y rayos. Lo qual se haze por antiparistasin, o contrariedad que hay dellos cõ los signos.

Prognostico de las llamas y fuegos que corren por el ayre, y de los Cometas.

PTolemeo dize: Los fuegos transcorrientes, ò estrellas cayentes por el ayre, señalan sequedad: si solamen-

lamen-

lamente salieren de una parte del cielo, señalan que de aquella se leuantaran uientos: si de muchas partes salen, señalan diminucion de las aguas, y grandes mudanças, ò tempestades en el ayre, y assaltos y corridas de exercitos, ò guerras. Si los Cometas, que estan apartados del Sol en onze signos, apparecieren en el angulo de algun Rey, ò reyno (como tienen otros testos) morira el Rey, o algun grande de aquel Reyno. Si apareciere en casa succedente, à buen recaudo estaran los thesoros y bienes del, pero mudara el Gouernador, ò administrador de su reyno: si apparecierē en casa cadente, haura enfermedades y subitaneas muertes. Si el Cometa se mouiere de poniente al leuante, sobreuerna enemigo estraño en las tierras: si el Cometa no se mouiere, de la misma tierra sera el enemigo. Desta suerte se ha de leer, porque en otra parte, donde enseña à juzgar que señalā los Cometas, dize: Han de notar las maneras de los Cometas, que apparecē en el tiempo de las ecclipses, y en otro qualquier tiempo, para saber las cōplexiones del ayre, como son los Cometas que estan à manera de bigas, ò de trompetas, ò de cubas, ò de otras maneras semejantes: porque naturalmente señalan accidentes proprios de Marte y de Mercurio, como son guerras, grādes incendios, ò calores, fiebres ardientes, tiempos reboltosos, y alborotados: y señalan otros accidentes, que naturalmente cōsiguen à dichas cosas. La significacion dellos se collige segū las partes del Zodiaco, en las quales apparecen: y segun donde inclinan las greñas, ò cola, alla arrojan sus accidentes: y segun las

se formas de la constitucion, el genero y forma para sa
ber à quien han de hazer mal: y por la tardança, ò du
racion de ellos, la vehemēcia, ò augmento delos accidē
tes: y por el respecto que tienen con el Sol, el principio
manifiesto, quando han de començar los accidentes de
ellos: porque los Cometas que apparecen por el alba,
y mucho duran, mas presto los señalan: los de la tarde
mas tarde. En todo lo que enseña Ptolomeo, nūca man
do tener cuenta de los angulos del mundo, en que se ha
zen los Cometas: los dos generos que descriue de los Co
metas, han de estar por fuerça distātes del sol en. 11. si-
gnos, segun la succeßiō dellos, ò en un signo cōtra la su
ceßion: de los que distan onze signos dize, que estos hā
de preceder al Sol por la alba: y si estos estuuieren en si
gno que sea ascēdiente, ò angulo de nacimiēto de Rey:
estos señalan muerte del, y si es signo del ascendiente, ò
angulo de algun grande señor, señalan muerte del: por
que aßi como si al tiempo que nace uno por el alba, sa
len antes del Sol los cinco Planetas, como escuderos del
Sol, precediendole, significan que tal nacido sera Rey,
Lib. 4. segun el escriue: aßi si al Sol por el alba escuderea al-
cap. 2. gun Cometa, señala muerte de Rey. Si el signo donde
esta el Cometa fuere el ascendiente, ò angulo de su na-
cimiēto, y si fuere signo que este en casa succedente, se-
guros estaran los thesoreros del, pero desposeera al Go
uernador del reyno. Si appareciere en casa cadēte del
nacimiēto del, haura en el pueblo enfermedades y mu-
ertes subitaneas, porque las casas cadentes señalan los
enemigos y subiugados por el. Segū dize Ptolemeo, los
ascen-

ascendientes de los enemigos del Rey son signos que estan en casas cadentes en el nacimiento del: y los ascendientes de los familiares y paniaguados del, son los angulos del: y assi el Cometa que acaece en el angulo del nacimiento del, significa muerte del, ò de algun gran señor vassallo del. Y porque era en su tiempo opiniõ de Philosophos y de populares, que los Cometas señalan muerte de Reyes, porque tienen los cuerpos mas delicados, y mas regalados, y mas subjectos à la impression del ayre. por tanto Ptolemeo limita esta opinion, segũ por experiẽcias hauia hallado: y affirma, que no todo Cometa señala muerte de Reyes, sino el que sale por el alba antes del sol, y esta en angulo del nacimiento de Rey. En ningun lugar trata de los angulos de la figura del cielo, que se haze al momẽto que apparece el Cometa, porque rarissima cosa es, hallar el principio del apparecimiento del Cometa. Segun comun opinion de Astrologos, el Cometa que ha de señalar muerte de Rey, ha de hazerse en el ascendiente del nacimiẽto del, y no en los otros angulos, porque si se haze en el medio cielo del y le mira bien el Sol, ò Marte, señala acrecentamiẽto de su reyno. Y mas Haly Aben Rhodam quiere con mucha razon, que las ecclipses y Cometas dañan solamente à aquellos que estã subjectos à los signos en que se hazen: de suerte que los Reyes à quiẽ han de dañar, han de nacer en las tierras subjectas à los signos en que se hazen.

Libro del

Prognostico deste nueuo Cometa.

NVestro Cometa ni es oriẽtal, ni occidẽtal; ni esta en angulo del nacimiẽto de Rey; por tanto (segũ Ptole.) no señala muerte de Rey. El ha parecido en el 7.gr.45.mi. de Tauro, por lo qual (segũ Albumazar) señala guerras, captiuidades, mortaldad (en las partes subjectas à Tauro, y en su triangulo) dolores secos, sarnas, comezones, muertes de bueyes y de ganados, y que algunas minas dexaran de cauarse, ò caera, ò se quemara el monte donde las hay: mas señala crueles frios y hielos (de lo qual se sigue perdida de ganados: y tambien por el gran calor y fuego que señala en el uerano y estio) y corrupciõ de los frutos y miesses,, y poca cultura y cuydado de plantar y de sembrar los campos. Por ser este Cometa immobile, que es por no apartarse del lugar del cielo estrellado, donde començo à parecer, señala guerras ciuiles en las partes Septentrionales, dende.57.gr hasta.67.de altura del Norte.

En las regiones subjectas al signo de Tauro, hara mas impreßion, y son las tierras de los Parthos, Medos, y Persas, y en las yslas Cycladas, que estã en el mar Egeo, que llamã Arcipielago, al rededor de la ysla, Delos, que agora llaman Sdille: y en la ysla de Chypre, y en las maritimas partes de Asia la menor, que llaman la Natolia; y en las tierras de Egypto; y en Polonia la mayor, y Rußia Alba, y en parte de Francia, llamada Champanya, y en tierras de Grysones y Suyçaros, y en Lorenne, y en la Franconia, y en Yrlanda, y en parte de Suecia.

Ciudades

Ciudades subjectas à Tauro son, Boloña, Sena, Pistoya, Verona, Salerno, Zenogallia, Capua, Breça, Treuiso, Palermo, Narbona, Constantinopla, Thuregia, Lucerna, Herbipolis, Metz de Lorenne, Caput Istriae, Guezna, Bozna, Nouguardia, Nancenio, Burgos, Astorga, Toro, Badajoz, o Elues, Iaen, Girona, Huesca.

Tambien hara impreßion en las tierras subjectas à Virgo y Capricorno, signos del mismo triangulo de Tauro: y à las de Escorpion, que es su contrario: y porque la conjuction de Saturno y Marte se hizo en Escorpion, y aun Saturno esta en el.

Ptolemeo dize, porque este Cometa ha parecido en Tauro, mas mal hara à los animales quadrupedes, que à los hombres: y porque Tauro es signo firme y septentrional, señala algun terremoto, y caymientos de casas.

Por estar este Cometa apegado con la Caßiopea cõstellaciõ del cielo, mas mal señala à las Señoras principales, que à las otras. Pues ni sale, ni se pone, todo el tiempo que durare, dañara: y mas mal señala dende dez y ocho de Abril del presente año, porque el Sol entrara entonces en el. 8. gr. de Tauro, donde se ha hecho, y despertara entonces la fuerça del. Prop. 55. cent.

Esto es lo que hallo escripto en los autores graues, à los quales no se ha de dar fe ni credito, pensando que ha de ser ansi: pero muchas uezes han acertado en sus Prognosticos. Por tanto no es de menospreciar lo que ellos nos han escrito. Dios es criador de las estrellas y

Come

Cometas, y los mueue segun su uoluntad, y les da quando quiere, y quita, ò supede las fuerças dellos.

Dize Alberto Magno, por auctoridad de S. Damaceno, que se hazen muchas uezes Cometas, que señalan muertes de Reyes: los quales no son del numero de las estrellas que fuerõ criadas al principio: pero Dios por su prouidẽcia los tiene determinados para en ciertos tiempos hazer, y despues deshazer.

¶ De lo que acontecio despues del Cometa, que apparecio el año 1556.

AL principio de Hebrero, de. 1556. en Elche ui un Cometa, que duro mas de cinquenta dias, y començo à apparecer entre seys y siete de la tarde, por la parte de leuante, era largo, con cola, que miro primeramente al leuante, despues al xaloque: subia con el signo de Virgo, y parecia el caput, ò dominus ascone de Albumazar, y à la postre se atrauesso hazia el Norte, donde desaparecio: el qual, segun Albumazar, señalaua hambre, pestilencia, guerras, y descubrimiento de minas, y muerte de grãdes. Siguiose luego en el mismo tiempo del Cometa el descubrimiẽto de la mina de Guadalcanal, y en el reyno de Valencia hauia grã heruor de buscar minas. Por Mayo los uientos de medio dia corrompieron las miesses, y se siguio grande hambre en el año. 57. en las mas partes de España, saluo en algunas partes de tierra de Campos, y en Aragon, an

si mis-

mismo la huuo en Constantinopla, y en Adrinopoli en Elespõto, y en Venecia, en Argel, y Seuilla huuo pestilencia: en Valencia començo la pestilẽcia despues de diez de Abril, de. 1557. entrando Saturno meridional en el signo de Tauro: del qual dize Albumazar, que nunca uido entrar Saturno por la parte de medio dia en el signo de Tauro, que no huuiesse peste: la qual duro en Valencia quasi dos años y medio, todo el tiempo que estuuo Saturno en el signo de Tauro. La uispera de los Reyes, del año. 1557. dizen, que hauiendo treguas, el Rey de Francia Hẽrique atẽto tomar à Duay. El Papa Paulo quarto mouio guerra contra la S. M. del Emperador Carlos quinto, por causa del reyno de Napoles. En el año 1556. despues del Cometa murio la serenissima Reyna doña Ioana. Salarraiz Rey de Argel despues de hauerse ydo, quitado el cerco de Oran, murio, y el Marques de Villena, y otros grandes señores.

FIN.

Tabla

Tabla de los Capitulos deste Tratado.

laxis,

Laus Deo.

Jerónimo Muñoz

LITTERA AD BARTHOLOMAEUM REISACHERUM

(1574)

Reproducción en facsímil de la copia manuscrita existente en la Oesterreichische Nationalbibliothek, Viena

N°. 41

Ex literis Hieronymi
Wolfij Augustani
Ad
Bartholomaeum Reisacherum
Viennensem.

Missum libellum de novo cometa a
candidatum tuam ob importunam expecta-
tionem vix gratis ex [illegible] compe-
riens Et additus ē. cap 3° hab[uit] dies
17 decembris cum esset ☉ in 1 gradu
28 m ♑ quo tempore erat hora 5 m 58
& 38 posteriorum 58 in alijs capitibus
aliqua desiderarentur quae addi iam
vis. Ego in ea semper fui
sententia ut in rebus quae demonstrari
possunt nulli duca credendum nisi
Ptolomeo nisi Regi Alphonso nisi
Johanni Regiomontano qui nostri
[illegible] peritiores Nicolao Copernico
Erasmo Reinholdo.

Itaque facimus, ut in colligenda lon-
gitudine et latitudine cometae ex
superioris ipsius longitudinibus [illegible]
principalium stellarum tertiae magni-
tudinis Cassiopeae, vero mediae longi-
tudine 11 stellae cuius proximus [illegible]
Cometa quia secundum observa-
tionem [illegible] facta Anno 1570 [illegible]
quo observavi praecedentis stellae in
temporibus [illegible] progressa secundum
longitudinem ab observatione Ptol[emaei],
B usque ad dictum Annum [illegible] 2137 53
[illegible] quam observationi [illegible] Ptolemaei
in [illegible] longitudinibus [illegible]
[illegible] stella Cassiopeae
[illegible] 6 38 [illegible] ut [illegible]
[illegible] tabulis collegi [illegible] 6 10 8
Copernicus [illegible]
differentia [illegible] longitudinis [illegible]
dimissi sed a praecedentis stella

corporibus ♀ ♂ quae numerantur usque ad gradus 2
longitudines parum distinguit. Substantiam
vero a Ptolemaeo et describitur ex
collatione utriusque facta, Planetis inferiores
videri a vero stellae cum cometa huius
re abundare nunquam ego vidi observationem
quae ut ubi cometa minor est stella
fixa a me visa est, sed radio et sole
observata quantum ab eo distantia
itaque inter nos nullius momenti distantia
non est quae veritatis observationis com
et observationem aestimari potest
longe quam est inter nos et cometam
Thaddaeus ab Hajek qui cometam collocat
in 6 g 24 m ♉ et ♋ ut ubi nova stella
volui expendere ipsius observationes
et demonstrationem quae sane exactissima
est

singulis explicatio observationis
et demonstrationis

die 7 dic Januarij anni 1573 hora 4 m. 30
Viennae Austriae cuius latitudo est 48 22
ut a Purbachio & Regiomontano obser-
vatum est maxima cometae altitudi-
ne reperta 76 g 44 m altera vero minima
20 gr quae simul collecta faciunt 96 44
cuius dimidium est poli vera alti-
tudo 48 22 quare cometa proinde
ut stella fixa perpetuae apparitionis
caruit paralaxi, subtracta mini-
ma altitudine ex maxima sup-
fluit 56 44 cuius dimidium 28 22
est complementum declinationis co-
metae & declinatio eius erit 61
38 deinde nunquam varia & calculo
deprehendimus ascensionem cometae cul-
minantis cum intersectione
ipsa V quod concesso ex 25 prop.
IIII lib. de triang. Regiomontani

concluditur lat. eius & uerus locus[3] Sec

CAGK portio coluri solstitiorum C polus
Eclipticae A polus Mundi DK quadrans[3]
Aequatoris ab Equinoctio Uerno D. DG qua
drans Eclipticae B cometa culminans &
quadrato AD coluris orgnod fuerit & meri
diani CBE quadrans meridiani Eclipticae

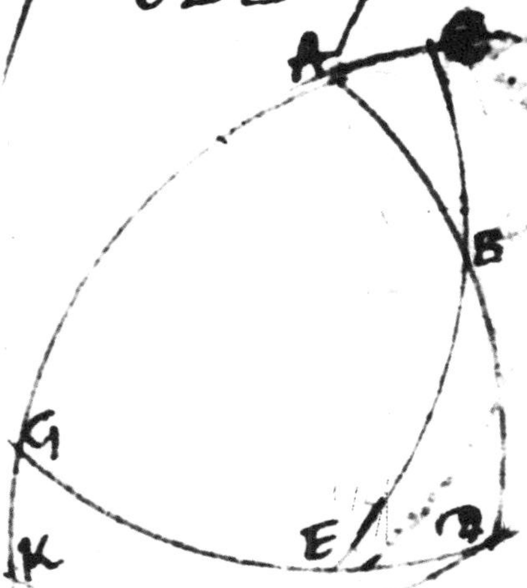

determinans longitudinem
Angulus KAD rectus
sphaeralis cum ostendat
quadrantem circuli ma
ioris nempe DK quaere
& angulus BAC est
equalis erit rectus ergo
in triangulo rectangulo BAC datis duobus
lateribus angulum rectum continentibus per
primam partem 25 probl. quarti libri inue
nietur latus obtensum angulo recto scilicet
EB 36 p. 12 m. cum si multiplicentur sinus

arcu complementorum arcuum AB & AC inter
se se nempe 52 partes 47 M. 48 S. quorum sinus
est 61 9 38. in sinum 55 2 15 arcus
66 32, colliguntur 48 primo 25 par
tes 43 12 22 qui numerus si dividatur
per totum sinum 60 fiet videlicet 48 p
25 43 12 22 cuius arcus est 53 48
nempe BE latitudo cometae & complementum
notum sinus BC p 36 12.
Proximum sumo alium triangulum rectangulum
rectangulum BED angulus n. E rectus est
ex 1a propositione 4a de triangulis
& 4a definitione eorum omnis enim
angulus qui fit ab arcu ducto a polo
proprio alicuius circuli in ipsum
circumferentiam rectus est ergo per secundam
partem 25 propositionis 4ti lib. de tri
angulis ex duobus lateribus uno pro
ximo angulo recto altero vero ipsi

angulo

angulo recto opposito notis minui- 4
plus latus DE longitudo stellae 36 27 4
namque sinus rectus 28 9 22 comple-
mentique arcus DE quod subtendit angulo
recto E est 28 partium 30 24
quod ductus per totius sinum procreat 28
primas 30 partes 24 quod numerus
si dividatur per 35 26 11 sinus recti
arcus CB complementique arcus BE pro-
ueniunt 48 partes 16 cuius arcus est
58 p 33 et complementum cuius est
36 27 quantus est arcus DE longi-
tudinis comperta. Explicavi brevi-
ter demonstrationem Ptolemaei, in qua
non est opus explorare quantus sit angulus
A B C, nec quantus sit angulus B D E.
nam sine ipso demonstrari potest latitudo
et longitudo cometae.

Verum in calculo ecl. quo deprehendas eo
media culminationis certe in principio
ipso ecl. nisi ego fallor est circa
med. 1a die Januarij A. 83 hora 4
m 30 Viennae ☉ ex Tabulis de
☉ & de luminarium Peurbachij numera
tur fuisse in 21 46 1/2 cuius recta
ascensio iuncta cum 67 9 30 pro
4 horis 30 est 361 ...
& proinde caeli medium mediabat caelum
cum 1 7 fere ♋ & secundum
Stadium calculatorem Tabularum prima
...mediabat caelum cum
16 M. ♋ sed verior calculus ex
Peurbachij ex ecl. data altitudinis
aequatoris & altitudinis meridia
na solis collecta cum declinatione
& Armatus in Tabula declinationum

immensa numinis quotidie possit cognosci-
mus ergo / Cometa Caelum mediante
cum 1 9 7′ J pro apparatu demon-
strationis ad quorundam latitudinem &
longitudinem Cometae talis

CAGK ut prius KD & GD

ut prius CBE ut prius

ABHF Meridianus aequa-

toris cum quo Caelum

mediabat Cometa DF

Ascensio recta cometae

DH portio Eclipticae

& Ascensioni rectae

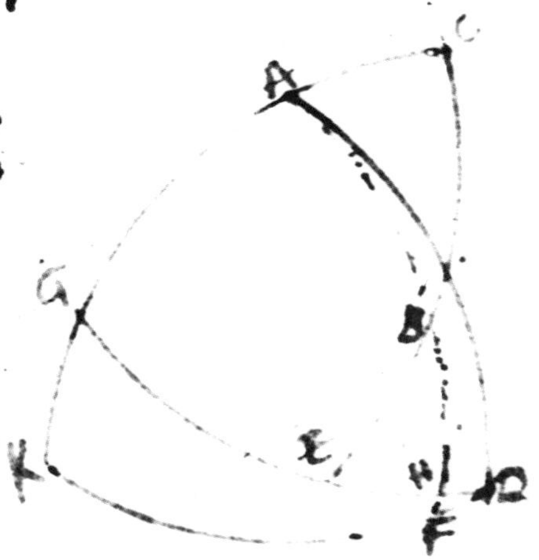

communicans FH declinatio eius gra-
dus Eclipticae FB declinatio Cometae
BE eius latitudo EHD eius longi-
tudo propterea hoc apparatu angulus
CHF non est rectus ad obliquus

quia maior angulo recto CAD quam

ut pateret inventi [illegible] 25 problemate

propositum, quantitas arcus CB. quam

existimo ob hanc causam dicere [illegible]

in lucem edere ab eo Extractore [illegible]

Copiosiorem Commentarium. obsecro

itaque ut meo nomine dominum

Thadaeum ab Hayck salutes cohor-

terisque ut [illegible] ab incepto ope-

re non desistat memor illius

sententiae Salomonis Quodcunque

potes facere instanter operare

quia tempus et occasio deficit des-

cendentibus ad inferos, loquimini

ut prius et Acrimonia [illegible]

unguibus [illegible] mihi nota est

[illegible] minus te obsecro ut incep-

tum de Parallaxibus opus absol-

vat [illegible] videtur ab antiquis Ma

thematicis aliquam ex parte tractatum 6
sed ad colophonem [illegible] [illegible] solet [illegible] 6
est perductum. Ego multo plura referre
nequeo [illegible] quam in libello [illegible]
indignatione qui pro beneficiis nedum
gratias [illegible] sed etiam contumeliis
aspersus sum, a multis Theologis
et philosophis et Aulicis Regis Philippi
quare dicerem λάθε βιώσας &
ut Horatius ait nec vero divitibus
contingunt gaudia solis nec vixit
male qui natus moriensque fefellit
nolo amplius irritare crabrones
nec amplius in summa ne quando
tu quidem in evulgandis operibus
meis quando nec Rex impulsor
ad scribendum librum de Cometa nec
Comes aliquis [illegible] in eo gratificari [illegible]

Roegi melius ulocabo. Premias mag
impositurã quod affectamus [illegible] in
edendis libris. Hispania ve
rò pluimus minime est Astroz
observatrix [illegible] operam
rum Mathematicis scholis artibus
quadrimanys, imprudentes [illegible]
prodigij vello in Hispania de
Mathematicis [illegible] edere [illegible]
nec [illegible] impressionis [illegible]
libri nõ vendantur. de religio
Hispania me tibi addictissimum
et tota [illegible] in officio verbis
fuerim. Spera [illegible] cerlo me da
[illegible] opera ut nostra Amicitia
[illegible]
[illegible]

Valentiae die 13 Aprilis. Vale
Anno 1574

Hyeronimus
Muños

Jerónimo Muñoz

SUMMA DEL PROGNOSTICO DEL COMETA

(Valencia, Juan Navarro, 1578)

Reproducción en facsímil del ejemplar existente en la Biblioteca de Catalunya

¶ Summa del Prognostico del Cometa: y de la Ecclipse de la Luna/ que fue a los 26. de Setiembre del año. 1577. a las. 12. horas. 12. minutos: el qual Cometa ha sido causado por la dicha Ecclipse.

¶ Compuesto por el Maestro Hieronymo Muñoz Valenciano/ Cathedratico de Mathematicas y de Hebreo d la Universidad d Valencia.

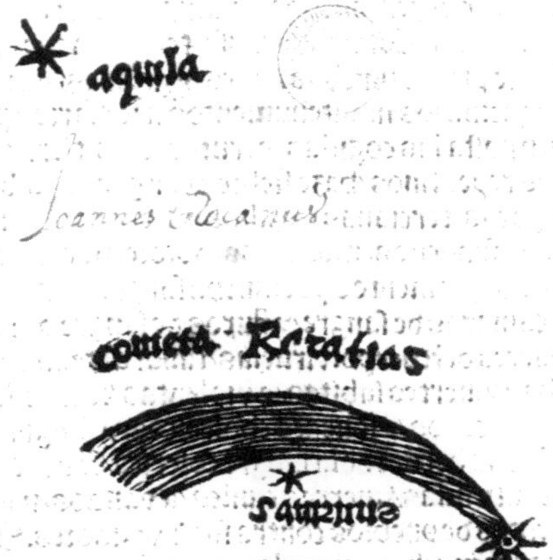

¶ Hecha imprimir por Gabriel Ribas/ Librero de su Excellencia.

A Instancia del señor Joan Lopez de Velasco/ Coronista mayor de las Indias/ de la Magestad del Rey Philippe nuestro Señor/ hecha la obseruacion de la hora de la Ecclipse/ hize el siguiente prognostico della/ segun la doctrina de Ptolemeo.

¶ En esta ecclipse/ por quanto a acontecido en el signo de Ariete/ cerca de la dezena casa del Cielo/ el Planeta mas poderoso es Marte/ el qual teniẽdo señoria en las ecclipses/ suele por demasiado calor/ corromper el ayre/ y hazer vientos calorosos: que son/ Ponientes/ y Lebeches/ los quales causan asmas/ y putrefacciones: y suele hazer muchos relampagos/ truenos/ rayos/ llamas/ y Cometas: causa tempestades/ por las quales se pierdẽ muchas naues/ y galeras/ y otros vaxeles: quema los mantenimientos necessarios para la vida/ y gasta las cogidas/ y frutos de la tierra: causa fuegos repentinos/ haze fiebres con grandes bascas/ y congoxas/ tercianas senzillas/ y dobles: fiebres ardientes/ synochos/ modorras/ dolores de costado/ propexia/ ahogamientos por mucha sangre/ y mucha cholera/ camaras de sangre/ y fluxos de sangre por diuersas partes del cuerpo: viruelas/ tauardete: mas/ causa muchas muertes subitas/ y violentas/ señaladamente de mancebos/ y iouenes cholericos/ y sanguinos: y con el gran heruor de la sangre colerica/ los incita a riñas/ contiendas/ guerras ciuiles/ a vandos/ y a leuantamientos de pueblos contra sus Regidores. Señala que haura muchos salteadores/ y cossarios: y que por cholera de Reyes se hinchiran las carceles/ y por causa dellos muchos moriran. Señala assolamientos de pueblos/ y muchos stupros/ adulterios/ y demasiada y furiosa luxuria. Esta ecclipse/segun Ptolemeo/in re ligione z sacris/señala rebueltas.

¶Tiempo de los euidentes effectos.

¶ Los euidentes effectos desta Ecclipse duraran tres meses y tres quartos d vn mes: y començaran a echar se de ver a los seys d Febrero. lxxviij. Estaran en el mayor heruor a tres de Abril/y fenesceran por todo Mayo de dicho año.

¶Genero de animales que rescebira mayor daño.

¶ Y porque la Ecclipse fue en el signo de Ariete/segun dize Ptolemeo/mayor daño rescebiran della los Carneros/y Ouejas que se abortarã/y moriran/o por fluxo de sangre: y moriran muchos Carneros de squinancia/y abogamiento por mucha sangre. Y assi mismo el ganado cabruno/y porcuno rescebira gran daño. Los ganados de animales grandes/y los hombres/menos daño padesceran que el ganado menudo.

¶Partidas del mundo que mayor daño rescebiran.

¶ Todas las tierras/en las quales se ha visto la Ecclipse/padesceran los daños significados por ella/pero mas las q̃ estan subiectas al signo de Ariete/Leon/y Sagittario: y de las tierras deste triangulo/mayor daño ternan las subiectas al signo de Ariete/que son/Alemaña/Ungria/Inglaterra/Escocia/la Proença o Lengadoch: la Suria/Idumea/Palestina/la Persia/y la Chaldea: y particularmente en Ytalia/Napoles/Florencia/Ferrara/Genoua/Faença. En España/Çaragoça/Valladolyd/Tortosa/y la Galicia.

¶Del genero de hombres que padesceran mas.

¶ Los cholericos/y sanguinos ternan mayor trabajo que los otros/y los que tienen por ascendente el catorzeno grado de Ariete en su nascimiento/o en la figura de la revolucion del año o tienen por grado de la division del año al decimo quarto grado de Ariete: y señaladamente si han nascido en las tierras subjectas al signo de Ariete.

¶ Proclo dize/la Ecclipse de la Luna hecha en el segundo tercio del Ariete/señala pestilencia: lo qual se ha de entender en las tierras subjectas al signo de Ariete que ayan visto dicha Ecclipse/y ayude la disposicion de la tierra: esto sera si Dios quisiere.

❧ Discurso para saber el signo en que se ha hecho el Cometa.

¶ El juyzio del Cometa se ha de colligir/segun Ptolemeo: primero del signo en que se haze (de la hora y momento en que se haze/no se puede formar juyzio/porque no se puede saber la hora del nascimiento del Cometa) y por tanto no forma juyzios de los Cometas/como de las Ecclipses. Segundo se collige de la inclinacion de las colas dellos. Lo tercero es/del color dellos. Lo quarto añade Plinio de la forma y figura dellos.

¶ El signo en que se haze el Cometa se collige por todo el tiempo de la duracion del/sabiendo cada dia que apparesce en que signo/y grado de la ecliptica esta: porque el fin/y el principio de las cosas naturales estan a todos/como dize Marco Manilio. Nascentes morimur finisq; ab origine pendet. Este Cometa en differentes partidas del mundo/en differentes dias le han echado de ver. Unos le han echado de ver a nueve de Noviembre/otros a diez: de los quales dias ay prognosticos impressos/que dizen que estava en el signo de Capricornio/

lo qual es falso: porque a los diez de Nouiembre/a las
seys horas y dos tercios de la tarde estaua apartado
d Saturno catorze grados/y veynte y cinco minutos/
y de la Estrella llamada Aquila.xxxj.grado/y.xxx.
minutos: por lo qual necessariamente el Cometa esta=
ua en.xxv.grados de Sagittario/y no en Capricornio:
y assi los juyzios que han hecho son falsos/quanto a la
particular specie deste Cometa: por lo qual no me espã
to/si algunos ignorantes de Astrologia se ayan por es=
critos burlado dellos/y con solapados metros ayan
dado a entender lo que pretenden a los suyos. Pero
boluiendo al proposito/este Cometa le vide yo a ocho
de Nouiembre/poco despues de ponerse el Sol/embu
elto con nuues. Otros le vieron Jueues a los siete de
Nouiembre/y me auisaron/y assi le mire a los ocho.
De Murcia me escriuieron/que le vieron a los cinco.
En Argel/Francisco Sasso Piloto/me dizen/le vio
como vn fuego redondo/a los quatro de Nouiembre:
y de ahi a dos dias le vio con cola. De Roma escriuen
al Arcediano Mendez/que le vieron intra octauam fe
sti omnium sanctorum. De Alicante escriuen le vieron
quarto nonas Nouembris/que es a dos. En Valen=
cia le vieron algunos el primero de Nouiembre: vn la=
brador le vido a treynta de Octubre/pero muy peque
ño. Los marineros de vna naue Ragucea le vieron a
diez de Octubre en el mar de Otranto/muy pequeño:
en el qual dia/dos horas antes de medio dia fue el qua
drado de Saturno/y Marte/que suele/despues de las
ecclipses engendrar Cometas. Examinadas estas co=
sas/y hauiendo obseruado los mouimiẽtos del todos
los dias en que se ha visto/y obseruado que desde ocho

de Nouiembre/hasta el primer dia de Deziébre/se ha mouido por vna linea recta/apartando se d la eccliptica hazia el Norte en angulo de.xxxv.grados:y que del primer de Deziembre se ha ydo boluiédo hazia la ecliptica/y que a durado hasta doze de Henero/y a vn mas: digo que a quinze de Octubre de.M.D.lxxvij. ya era nascido/y que se ha hecho en el signo de Scorpion:y por esto/siendo hecho en signo frio humido ha dado en el aguas demasiadas:y estando en Sagittario/signo seco/ha dado sequedad.

Iuyzio de lo que significa el Cometa.

Este Cometa es hijo de Marte/señor de la Ecclipse/y por tanto confirma los significados de la Ecclipse:y porq se ha hecho en Scorpion/casa de Marte nocturna (segun lo que Albumazar/y los otros Astrologos escriué) señala trabajos en los hombres/y daños por animales pequeños/que llama Aristotil in secta/que dezimos sauandijas:y entre principales señores y deudos/grandes rebueltas/dissenciones/y guerras:y en ciertos tiempos gran copia de aguas: es a saber/en tiempo de constellaciones humedas/gran humedad: y en tiempo de las secas/sequedad:y de las frias/gran frialdad:y de las calientes/gran calor. Señala renzillas entre gente popular/y muerte de Principes/daños grandes a las preñadas/y paridas: corrupció de los frutos de la tierra por gran desigualdad d los tiempos/y por nieblas/de dóde suele seguirse falta de mantenimientos/y carestia dellos. Señala tambien gran miedo de guerras/furor de Reyes có guerras ciuiles. Ay peligro de hambre y de peste/como hizo el Cometa hecho en Scorpion el año.913. en el qual en Francia huuo grandiſſima hambre/y peſtilencia/no ſolo en los hombres/pero avn en los animales. Quando el Cometa hecho en Scorpion ſale a la tarde/ſeñala que haura muchas Langoſtas/y otros animales pequeños/como ſon Eruce/guſanos pequeños que ſe comen los ſembrados/Scorpiones/Ratones/Culebras/Arañas/Lagartijas. Preualeſcen mucho en eſta conſtellacion eſtos animalejos/y todo genero de guſanos que ſon frios/y humedos: como ſon los Alacranes: y y por tanto pareſce que ſera año en que medraran mucho los guzanos de la ſeda/y ſera año de gran cogida de ſeda.

¶ Quanto a la ſegunda parte del juyzio /la cola del Cometa/a inclinado de Medio dia hazia el Xaloque: y aſſi los vientos han corrido del Norte hazia el Poniẽte: y por tanto mas mal y rebueltas ſeñala a la Berberia/y a Egypto que a otra parte.

¶ El color deſte Cometa verdaderamente es color de ceniza/o de plomo/que es color de Saturno/y aſſi ſeñala enfermedades melancholicas: como ſon/catarres/aſmas/gotta coral/perleſia/quartanas/ſarampion/o tauardete/çaratanes/o cancros/ſarna/lepra/mal Frances/almorranas.ꝛc. El año .M.D.xxij. en la parte de Poniente ſe vido vn Cometa Saturnino que cauſo en Francia/en la tierra llamada Borbones hambre/y peſtilẽcia/y grandes frios/y hielos/nieues/y muchos nublados/y lluuias/grãdes nieblas/y grãdes tempeſtades/anegamentos de vareles/falta de peſces/y deſtruccion de los frutos de la tierra por langoſtas/y otras ſauandijas.

¶ La figura del Cometa/verdaderamente es como d

cuerno/o bozina/llamado por Plinio keratias/que es arma natural de animales corrigeros: señala rebueltas: tal Cometa qual este aparescio quando Xerxes con vn millon de soldados acometio la Grecia.

¶ Las tierras subjectas a Scorpion padesceran mas trabajo que las otras: y son/Berberia/que llaman Mauritania/Getulia que es la tierra cerca del monte Atlas/que son los montes Claros: Suria segun algunos/Comagene/Capadocia/Noruegia/Suessia la occidental/Bauiera la alta/Scotia segun algunos/Pistorio/Crema/Padoua/Bresa/Modena/Viena de Francia/Valencia/Alger.

¶ Esta es la summa de las obseruaciones de las significaciones dl Cometa que he hallado: a vn que tal puede ser la reuolucion deste año. M.D.lxxviij. que vença las malas significaciones de la Ecclipse/y del Cometa. No son los juyzios de los Astrologos necessarios/si no contingentes/vt plurimum: y Dios puede hazer lo que quisiere de los effectos de los Cielos/assi como los hizo de nada. Hecho en Valencia a.xxj. de Henero. Año. M.D.lxxviij.

Sunt omnia in diuinam potentiam & misericordiam refferenda,
V. Fr. Ioannes Baptista Burgos.

¶ Impressa en Valencia: en casa de Joan Nauarro.
Año. 1578.
S.D.H.

DE ESTA REPRODUCCIÓN EN FACSÍMIL DE LAS

OBRAS ASTRONÓMICAS

DE JERÓNIMO MUÑOZ

QUE PERTENECE A LA SERIE DE HISPANIAE SCIENTIA,

CLÁSICOS CIENTÍFICOS

ESPAÑOLES DEL RENACIMIENTO

SE HAN IMPRESO 1.000 EJEMPLARES

(NUMERADOS DEL 1 AL 1.000)

SE ACABÓ DE IMPRIMIR

EN LOS TALLERES DE ARTES GRÁFICAS SOLER, S. A.,

EN LA CIUDAD DE VALENCIA,

EL DÍA 30 DE ABRIL DE 1981

EJEMPLAR № 00965